电网故障智能诊断方法研究

吴 浩 著

科学出版社

北 京

内 容 简 介

电力系统的安全稳定运行对于社会生产、生活至关重要。本书主要介绍在当今数字化、智能化的时代背景下电网故障智能诊断方法，主要内容包括电网故障智能诊断的背景、意义及国内外研究现状、T接输电线路故障诊断技术、高压同杆双回线路故障识别及其选相算法、高压直流输电线路故障智能诊断方法等。

本书可供电力系统领域的研究者、工程师等相关从业人员使用，也适合作为高等院校计算机、人工智能、电气工程等专业研究生的教学参考用书。

图书在版编目(CIP)数据

电网故障智能诊断方法研究 / 吴浩著. —北京：科学出版社，2024.12

ISBN 978-7-03-077929-8

Ⅰ.①电… Ⅱ.①吴… Ⅲ.①智能控制–电网–故障诊断–研究 Ⅳ.①TM76

中国国家版本馆 CIP 数据核字（2024）第 003232 号

责任编辑：华宗琪 / 责任校对：彭　映
责任印制：罗　科 / 封面设计：义和文创

科 学 出 版 社 出版

北京东黄城根北街16号
邮政编码：100717
http://www.sciencep.com

成都锦瑞印刷有限责任公司印刷
科学出版社发行　各地新华书店经销
*

2024 年 12 月第 一 版　　开本：787×1092 1/16
2024 年 12 月第一次印刷　　印张：12 1/2
字数：296 000

定价：119.00 元
（如有印装质量问题，我社负责调换）

前　　言

随着社会经济的快速发展和电力需求的不断增长,电力系统作为现代社会的重要基础设施之一,承担着传输和分配电能的重要职责。然而,电力系统在运行过程中难免会遇到各种故障和问题,这些故障不仅会影响电网的正常运行,还可能对用户造成安全隐患和经济损失。因此,如何及时有效地诊断和处理电网故障成为电力系统运行和管理的重要课题之一。

本书旨在研究电力系统中故障智能诊断领域的关键技术和方法,为提高电网故障诊断的准确性、效率和智能化水平提供理论和实践支持。全书共 4 章,围绕不同类型的电网故障进行深入研究和探讨,涵盖了多个关键领域,具有一定的实用性和指导意义。

第 1 章从宏观角度概括电网故障智能诊断的基本概念、发展历程及研究意义,为读者提供对研究主题的整体认识。第 2～4 章分别深入探讨 T 接输电线路在故障诊断方面的技术研究、高压同杆双回线路故障的识别与选相算法研究,以及高压直流输电线路故障的智能诊断方法,包括诊断原理、算法设计及仿真分析,探讨该领域的前沿技术和挑战。

在撰写本书过程中,杨杰、杨亮在攻读研究生阶段分别对第 2 章和第 3 章的内容作出了重要贡献,王桥梅在攻读研究生阶段对第 4 章的内容作出了重要贡献,胡勇老师和研究生郑超文、江俊卓、唐丹、向鑫等团队成员付出了辛苦的劳动,在此一并表示感谢。

由于本书涉及的学科与内容广泛,很多相关技术与应用仍处于发展和完善阶段,同时限于作者水平,书中难免存在疏漏或不足之处,敬请各位读者与专家批评指正。

目 录

第1章　电网故障智能诊断概述

1.1　电网故障智能诊断的研究现状

随着社会的快速发展和电能需求的持续增长，电力网络的复杂性增加。为了满足人们对电能的需求并节约投资，电力系统设计者和工程师必须不断地寻找更经济、更高效的输电技术。在这种背景下，T接输电线路[1]、高压直流[2,3]（high voltage direct current，HVDC）输电技术和同杆双回线路[4]应运而生，并在高压和超高压电力网中得到了广泛应用。特别是T接输电线路，其独特的接线方式使其在高压电网中得到了广泛应用，但同时也带来了较高的风险。由于T接输电线路常连接着大型系统和电厂，其传输功率较高，因此一旦发生故障，可能会导致大面积的停电，甚至引发整个电力系统的崩溃。此外，随着"西电东送"战略计划的全面实施，我国对更高电压、更长距离、更大功率的输电网络的需求日益增加[5,6]。在这种需求下，HVDC输电技术显示出了其独特的优势。与传统的交流输电相比，HVDC输电技术能够更有效地克服由网络结构和参数所带来的输电容量和距离的限制。但同时，由于HVDC输电的工作原理、运行方式、故障特性等与传统的交流系统存在很大的差异，其故障诊断和保护也面临着更大的挑战[7-12]。最后，同杆双回线路的应用缓解了土地资源的紧张问题，但也为故障诊断算法带来了更大的挑战。由于同杆双回线路的结构复杂性，其可能的故障组合高达120种，而其中的部分故障难以通过电气量进行有效识别。尽管跨线故障的发生概率相对较小，但一旦发生，其后果可能是灾难性的[13-17]。

综上所述，为了确保电力系统的稳定、高效、安全运行，迫切需要研究和开发更先进、更可靠的故障诊断技术。本节将详细探讨这些挑战，并提出相应的解决方案。

1.1.1　T接输电线路故障诊断国内外研究现状

在理论和试验方面，国内外学者对T接输电线路故障诊断技术进行了大量研究，研究主要围绕故障识别、故障选相以及故障测距三个方面开展，从研究本质来看它们都是对T接输电线路进行故障定位，只是对定位的要求有所不同。

1. T接输电线路故障识别研究现状

从保护原理来看，目前对T接输电线路故障识别的研究主要有基于工频量和基于暂态量两种。基于工频量的故障识别方法主要是利用电压电流工频全量、故障分量或者线路分布参数等信息建立相应判据识别故障；基于暂态量的故障识别方法主要是利用电压、电流行波信息对T接输电线路故障进行识别。

1）基于工频量的故障识别

基于工频量的 T 接输电线路故障识别方法主要利用区内三端近母线处安装的保护单元测量的电压、电流工频信息以及输电线路分布参数信息建立保护判据，识别区内外故障。文献[18]利用 T 接输电线路三端电压和电流各自故障分量矢量和的比值大小，识别区内外故障。文献[19]利用 T 接输电线路三端电流故障分量之和以及三端电流故障分量中最大电流与另外两端电流之和的矢量差建立判据，识别区内外故障，但是判据中制动系数的选取会对故障识别的灵敏性和可靠性造成影响。文献[20]针对文献[19]中存在的问题，利用 T 接输电线路三端故障电流分量中的最大电流结合另外两端电流之和及其余弦夹角建立判据，识别区内外故障。文献[21]根据前面文献所提判据建立综合判据，实现光伏 T 接高压配电网络区内外故障的识别，但未对算法性能进行分析。文献[22]在 T 接输电线路三端分别计算 T 节点处的正序电压，通过比较 T 节点正序电压叠加分量的最大幅值与三端正序电压叠加分量的最大幅度的关系识别区内外故障。当 $g_1 > g_2$ 时，发生区内故障；当 $g_1 < g_2$ 时，发生区外故障。文献[23]首先利用 T 接输电线路三端分别计算得到的 T 节点正序叠加电压的最大值判别线路是否故障，然后利用特定端的正序叠加电压与电流之间的相位关系识别区内外故障。当 $\theta \in (0°，180°)$ 时，发生区外故障；当 $\theta \in (180°，360°)$ 时，发生区内故障。文献[24]利用 T 接输电线路三端电压幅值差和测量阻抗特征等信息，综合电压幅值差主判据与自适应距离辅助判据识别区内外故障。文献[25]在两端电源配电网中 T 接入分布式电源，在原有电流纵联差动判据的基础上，仅借助 T 接高压输电线路两端原有电压、电流互感器信息，利用线路两端正序补偿电压差值建立的辅助判据以及正序补偿电压和正序差动电流的相位关系识别区内外故障，但是该算法忽略了分布式电源暂态控制作用的影响。文献[26]在目前双端线路电流差动保护研究成果的基础上，采用一种基于分布参数模型的 T 接输电线路电流差动保护方法识别区内外故障。

2）基于暂态量的故障识别

基于暂态量的故障识别方法主要是对区内三端近母线处安装的行波保护单元测量的电压（电流）行波信息进行处理，利用 T 接输电线路区内外故障时电压（电流）行波特性实现故障的识别。文献[27]将 T 接输电线路继电端测量得到的电压、电流信号提供给二阶泰勒-卡尔曼-傅里叶滤波器，以此估计电压、电流信号相量的瞬时值，然后通过瞬时电压、电流相量信息求取得到的正序阻抗识别区内外故障。文献[28]利用 T 接输电线路三端暂态电流的余弦相似度建立判据，识别区内外故障。文献[29]和[30]将小波变换应用于 T 接输电线路故障识别中，但高频噪声信号会对故障识别的效果产生影响。文献[29]首先利用 bior3.1 小波对 T 接输电线路三端原始电流信号进行处理，然后通过对比三端运行电流与抑制电流的关系识别区内外故障。文献[30]则是通过对比 Haar 小波函数在 T 接输电线路每端检测到的故障电流极性来判别区内外故障。

从仿真结果来看，以上基于工频量和基于暂态量的 T 接输电线路故障识别算法都能较好地识别故障，但大多数算法故障识别的精确性易受其他变量的影响，且在算法性能方面，大都未对算法识别性能做进一步分析。从目前已有 T 接输电线路故障识别的国内外研究现状分析，基于工频量的 T 接输电线路故障识别研究均是在电流差动保护原理的基础上改进而成的。在电力系统继电保护中，电流差动保护简单可靠且反应灵敏，是一种较为理想的保护判据，但将其应用到高压输电线路时还应考虑分布电容电流对保护产生的影响。因此，基于工频量的 T 接输电线路故障识别方法仍需进一步改进。基于暂态量的 T 接输电线路故障识别方法，主要利用输电线路故障时的高频暂态分量信息来识别故障。因此，对故障高频暂态分量的可靠检测，以及高频暂态分量与系统噪声的区分，对故障诊断具有重要意义，但是受获取故障时暂态信息方法的限制，利用暂态量的 T 接输电线路故障识别方法还需进行深入研究。

2. T 接输电线路故障选相研究现状

在高压输电线路故障诊断中，为进一步缩小故障判别范围，往往还需对输电线路进行故障选相。随着科学技术的发展，输电线路保护对故障选相的精确性与快速性提出更高的要求。目前，国内外学者对高压输电线路故障选相方法的研究主要基于工频量和暂态量。

1）基于工频量的故障选相

基于工频量的故障选相方法[31-37]因计算数据窗较长而无法实现对故障相的快速确定，且故障选相的精度与灵敏度易受过渡电阻等因素的影响。文献[33]利用正负序电流分量的波形相关系数判别输电线路的故障相线。文献[34]利用非故障相和故障相的相间测量电阻特性的不同判别故障相，但算法较为复杂。文献[35]提出一种利用线路功率损耗增量大小判别故障相的方法。文献[36]利用工频电压量进行故障选相，通过比较电压相角关系判别单相接地故障和两相接地故障。文献[37]综合利用电压与电流故障信息相结合的方式识别故障相，克服了单一利用电压(电流)突变量的不足。

2）基于暂态量的故障选相

基于暂态量的故障选相方法主要对故障时暂态分量中包含的故障信息进行相应处理，以实现对故障相的判别。文献[38]利用各模量电流初始波头能量信息识别高压输电线路故障类型。文献[39]首先利用小波包变换分解故障电压信号，然后求取各相电压小波奇异熵，最后结合改进的免疫网络对输电线路故障类型进行分类，但该算法的识别精度无法得到保障。文献[40]利用输电线路电流与电压瞬时能量的比值建立相应判据，实现故障类型的识别。文献[41]和[42]分别利用小波变换提取三相电流故障分量与三相故障电流卡伦鲍厄(Karenbauer)变换后各模量电流的模极大值特征识别故障相。文献[43]和[44]利用小波变换提取输电线路故障信息中的暂态直流分量进行选相。在文献[43]和[44]的基础上，文献[45]利用不相关系数进行线路故障选相。文献[46]首先利用 S 变换提取特定时间单一频率各电流的模分量，然后根据各模分量之间的关系建立判据识别故障类型。不同于传统利用输电线路相关电气特征建立判据实现故障选相的方法，文献[47]利用概率神经网络强大的模式识别能力对表征输电线路故障相特征的电流故障分量能量系数进行分类，以实现输电线路故障相的判别，但算法未对输电线路具体故障类型进行进一步识别。

从仿真结果来看，以上方法都能较好地对输电线路故障进行选相，但基于工频量的故障选相方法选相速度慢，不能满足超高速保护的要求，且选相精度易受其他因素的影响。基于暂态量的故障选相方法虽能实现故障相线的判别，但部分算法选相判据较为复杂，且大都无法识别输电线路的具体故障类型。在算法性能分析方面，已有选相方法大都未对算法性能做进一步分析。

1.1.2 高压直流输电线路故障诊断国内外研究现状

目前，故障诊断方法根据其利用的故障电气量可大致划分为基于单端电气量的诊断方法和基于双端电气量的诊断方法两大类。基于单端电气量的诊断方法一般利用行波构建保护判据，但存在行波提取困难、对高阻故障诊断准确度不高等问题，容易使保护装置误动作[7,8]。为了识别 HVDC 输电线路的高阻故障，基于双端电气量的纵联保护方法需要通过延长保护动作时间实现，虽然此举在保证保护动作可靠性的同时也消除了分布电容电流对保护的不利影响，却也大大影响了保护算法的速动性[9,10]。针对现有 HVDC 输电线路保护存在的问题，许多学者做了大量的研究。

1. 基于单端电气量的 HVDC 输电线路故障诊断方法

基于单端电气量的 HVDC 输电线路故障诊断方法，大多利用 HVDC 输电系统边界元件具有的某些固有特性，实现对输电线路的故障诊断。基于单端电气量的 HVDC 输电线路故障诊断算法是利用线路某一侧装设保护装置测得的电气量设计故障诊断算法，不需要考虑双端数据的传输和同步问题，原理可行且经济效益高。

1)行波型单端电气量故障诊断方法

通过分析 HVDC 输电线路两侧边界元件的幅频特性发现，该边界对高频信号具有阻滞作用[11,12]，这为解决利用高频量不容易建立判据的问题提供了可行思路。在文献[11]和[12]研究的基础上，文献[48]通过计算暂态电压的高频小波能量和低频小波能量之比来构造区内外故障识别判据，但是抗高阻能力不强。文献[49]定量分析和估计了区内外故障时高频信息之间的差异，引入信息熵测度构建故障识别判据，该方法在识别远端高阻故障上具有较好的性能。文献[50]引入多重分形理论，通过分析区内外故障时线模电压存在的几何特性差异，使用多重分形谱构建故障识别判据。

文献[51]研究了区内外故障时电流行波在突变点处的方向特征，结合多分辨形态梯度(multi-resolution morphological gradient，MMG)变换提取高频段形态谱的归一化系数，实现故障诊断。该方法能可靠识别区内外故障，且通过利用电流信号的形态学特征，有效规避了过渡电阻对故障识别判据有效性的影响。文献[52]利用故障电流变化量的极性以及瞬时频率最大值与阈值比的差异，实现了 HVDC 输电线路的故障诊断。文献[53]和[54]提出利用单端特定频率信号构建区内外故障识别判据，该方法受控制系统触发角和换相叠弧角的影响较大。

变电站对地杂散电容、并联型无功补偿设备等对模量信号也具有衰减作用[55]，因此文献[56]分析了线模极波和地模极波的特征，以地模-线模极波比为判据实现了故障判别。文献[57]分析了不同采样频率对输电线路行波保护的影响作用，利用小步长采样情况下的差分电压差异实现故障诊断,但该方法对测量仪器的要求较高,仍有待学者继续深入研究。

2) 谐波型单端电气量故障诊断方法

针对十二脉波换流器,直流滤波器在 $12k$(k 为正整数)次谐波下的阻值极小,文献[58]分析发现在 600Hz 频率下区内故障时谐波电流波动明显,而区外故障时由于直流滤波器的滤除作用,测量得到的该频率下的谐波波动较小,由此利用波动系数实现区内外故障判别,具有较强的抗过渡电阻和抗雷击干扰能力。文献[59]分析了边界元件的功率传输函数的幅频特性,提出了利用高低频段暂态能量比值的故障诊断方法,抗过渡电阻能力较好。文献[60]分析了过渡电阻和长线路对特征谐波电流的影响,提出受过渡电阻和长线路影响较小的故障判别方法,该方法使用特征谐波电流变化率构建保护判据,耐受过渡电阻能力较强。

2. 基于双端电气量的 HVDC 输电线路故障诊断方法

基于双端电气量的暂态保护可大致划分为幅值比较型、波形相似度型和极性比较型等。

1) 幅值比较型故障诊断方法

文献[61]和[62]利用边界元件对特定频段信号的阻滞作用,提出了基于边界暂态能量的故障诊断算法,根据输电线路区内外故障时交流信号能量的差异来实现故障判别。该方法选用频段低,对硬件要求不高,具有较强的抗噪能力。

文献[63]根据区内外故障时两侧的反行波幅值积分的比值差异实现了故障判别。文献[64]利用 S 变换提取特定频率下的行波,通过计算区内外故障时测量波阻抗的幅值差异构建保护算法。该保护算法所需数据窗短,只需要传输测量的波阻抗幅值,大大减小了通信量。文献[65]和[66]分别利用 S 变换、广义 S 变换提取特征频率分量,提出基于特征频率电流突变量比值的 HVDC 输电线路故障诊断方法[65],以及基于特征频率 600Hz、1200Hz 和 1800Hz 的电压幅值及平均值的 HVDC 输电线路故障诊断方法[66],但文献[66]没有考虑过渡电阻对算法的影响。

2) 波形相似度型故障诊断方法

文献[67]通过比较一侧前行波与另一侧反行波的波形相似度实现故障判别。该方法能够快速识别区内外故障,但计算相似度易受干扰,因此误差较大,极易发生误判。文献[68]提出比对特定频率下电流波形是否具有一定相似度的故障诊断方法,引入波形匹配算法计算匹配误差构造区内外故障识别判据。在文献[68]研究的基础上,文献[69]分析了直流线路与边界在不同频带下呈现的阻抗特性,得出在特定频带范围内,区内外故障时两端的测量阻抗存在明显差异,由此实现故障诊断。文献[70]则使用波形匹配的方法,以豪斯多夫(Hausdorff)距离作为故障识别判据,实现直流输电线路故障的快速诊断。该方法能够识别死区故障,但对部分死区故障失效,方法仍有待提高。文献[71]利用 HVDC 输电线路故障时的频谱相似度构造故障诊断判据,当存在噪声干扰时计算得到的相似度具有较大的误差，易发生误判。

3）极性比较型故障诊断方法

文献[72]～[77]利用故障时两极线路的电流突变量极性相反的特性，使用其夹角余弦相似度[72]、功率极性[73,74]、平稳小波变换模极大值[75]、S变换相角差[76]等方法来反映电流突变量的极性特征，实现故障诊断。类似地，文献[77]则提出利用区内和区外故障时平波电抗器电压（smoothing reactor voltage，SRV）的极性差异，实现基于SRV特性的HVDC输电线路故障诊断方案。相比于文献[74]～[76]，文献[71]～[73]的方法则不需要复杂的频率变换算法来提取特征频率分量，方法简单，硬件实现更容易。但是文献[74]和[75]与现有的基于高频分量中特定谐波突变量构成的保护相比，更能从本质上反映直流输电线路的故障特征。

文献[78]利用边界元件峰值频率处的滤波器组的阻抗幅值较大的特性，利用区内外故障时峰值频率处阻抗角的明显差异实现保护。该方法具有耐受较强过渡电阻、对分布电容电流不敏感以及对采样率要求不高等优点。但是针对不同的控制系统，峰值频点可能存在一个或者多个，若峰值频点出现在低频段或者高频段，则该方法误差较大。文献[79]分析了直流仿真模型的等效阻抗相位-频率特性，两端测量点背侧的等效阻抗相位在区内外故障时表现出不一致的特征，由此实现故障诊断，耐受过渡电阻能力较好。

4）基于分布参数模型的HVDC输电线路故障诊断方法

当线路发生故障时，现有保护为了避免线路对地分布电容电流引起的保护装置误动作，会使差动保护闭锁，因此没有对线路的高阻故障起到保护作用。为了克服分布电容电流引起的保护延时影响，在分布参数模型的基础上，文献[80]利用区内故障时的电流与故障支路电流相关、区外故障时则不相关的特点实现故障诊断。文献[81]充分利用控制系统特性对保护的影响，提出了利用受控电流偏差均值构建保护判据的方法。该方法无须对分布电容电流进行补偿，但是对控制特性的依赖较强，需要对部分控制特性进行改进。文献[82]在交直流系统二次谐波计算等值模型的基础上，利用换流器触发角作为保护动作量。文献[83]结合HVDC输电系统谐波等效电路及其控制策略和典型直流滤波器的幅频特性，利用区内故障时的特征频率电流（specific frequency current，SFC）较大而区外故障时特征频率电流较小的特点实现了故障判别。

文献[84]在分布参数模型的基础上，利用区内外故障时差分电流的差异实现故障诊断，具有一定的抗过渡电阻能力。文献[85]利用同一低通滤波器来处理线路两侧的电压和电流信号，根据沿线的电压在足够低的截止频率范围内呈线性分布，通过积分线性分布电压可以计算出分布电流，然后依据计算出的分布电流将其移除，提出利用新的差分标准实现HVDC输电线路的保护方案。文献[86]研究了区内故障和区外故障情况下的不平衡电流，提出了一种采用补偿电流的HVDC输电线路保护算法，在没有传输线传播特性影响的情况下，该方法具有较高的灵敏度。文献[87]利用补偿点处的计算电流来解决现有差动保护存在的保护延时问题，克服了文献[86]方法中传输线传播特性对保护的影响，该方法涉及的参数可以进行离线预计算，不受传输线参数分布、频率和耦合特性的影响。

3. 基于智能诊断算法的相关研究

为了将故障诊断问题转化为模式识别问题，文献[88]利用多分辨奇异谱熵构建特征向量，结合支持向量机(support vector machine，SVM)实现了区内外故障的识别，利用较少的样本数据识别了线路区内外故障，但不能同时实现区内外故障识别和故障选极。文献[89]利用故障发生前后短时窗内电压、电流信号的标准差作为 SVM 的输入向量，建立 SVM 多元分类器模块判断故障类型，提出了基于 SVM 的 HVDC 输电线路故障检测、分类的保护方案，但是其抗过渡电阻能力和抗干扰能力还有待验证。

文献[90]利用逆变侧的电压、电流信号和 K-means 数据描述(K-means data description，KMDD)方法来检测和分类双极 HVDC 传输线中的内部故障，该方法能准确识别输电线路内部故障极，但是并未考虑对区外故障的识别。

1.1.3　高压同杆双回线路故障诊断国内外研究现状

故障诊断涵盖面很广，主要可分为故障识别、故障选相和故障测距三个方面，三者之间层层递进。在故障诊断流程中，首先应该进行故障识别，找到故障所在的区段；然后进行故障选相，找到具体的故障线路；最后进行故障测距，通过相关数据确定故障点位置。

1. 同杆双回线路故障识别研究现状

为了提升同杆双回线路的保护性能，完善保护算法在可靠性和快速性上存在的不足之处，领域内的专家学者对此展开了研究[91-93]，主要可以分为以下三个思路。

1)基于工频量的故障识别

距离保护是最常用的保护方法之一，但可能发生保护超越和拒动。针对这个问题，司泰龙等[13]分析六序分量中反序和负序特性后，引入逻辑信号以及纵联电气量，提出了一种纵联距离保护新方法，但该方法对单回线对称故障和同名相跨线故障还存在保护缺陷。张子衿等[14]针对同杆双回邻线零序保护拒动问题，分析了邻线上的零序反时限过流保护的特性，提出通过延长邻线上的保护动作时间使得双回线保护优先动作的方法，从零序电流改变和零序功率方向出发，设计了保护加速方案，但算法复杂，不易实现。王泽洋[15]用六序分量中的同序电压代替正常相的相间电压，用反序电流代替两回线差流，消除了互感的影响，避免了传统横差保护将非故障相相间电压作为参考向量受故障点位置与两侧电源相角差影响的缺陷，但受系统参数影响严重。李世龙等[16]在横差保护的基础上，通过各阻抗分量，计算阻抗和与阻抗差之比来构成保护的判据，降低了对通信通道的依赖，且缩小了相继动作区，但存在出口死区问题，需要加入补充保护。

2)基于暂态量的故障识别

叶睿恺等[17,94]通过彼得逊等效电路对区内外故障时的电路特性进行了分析，利用区内外故障时行波电流在相位上的差异，引入 S 变换(Stockwell transform，ST)，使用变换后的相位差进行了故障识别；还提出了基于测量波阻抗的同杆双回线路故障识别算法，利用区内外故障时的和波阻抗与差波阻抗的差异，引入比率制动系数，建立了保护判据进行故障识别，但不同的故障类型需要选取不同的模量进行计算，操作复杂，且可靠性存在一定问题。Wu 等[95]对不同故障条件下无功功率的变化进行了分析，通过同端的无功功率之比和同线的无功功率之比构造保护判据区分区内外故障，但易受数据丢失的影响。

3) 基于机器学习的故障识别

大数据时代的来临，使得人工智能技术迅速发展壮大，其中机器学习因其强大的数据挖掘能力，被广泛应用于故障识别。孙翠英等[96]针对室外电线易开股和断股等问题，使用轻量级网络 MobileNet 模型与单发多盒探测器目标检测算法对故障图片进行训练优化，既满足了实时性要求，也提升了识别精度，但局限于网络深度，其精度还有待进一步提高。谢国民等[97]利用变分模态分解(variational mode decomposition，VMD)方法对故障电压进行分解，以各模态下的样本熵值去训练随机森林(random forest，RF)模型进行故障识别，与 SVM 和反向传播(back propagation，BP)神经网络等相比，该方法在运算速率和抗噪性能上具有更好的表现，但在某些故障情况下无法正确进行识别。孙晓明等[98]针对输电线路存在的低/高阻故障、发展性故障以及一些异常工况下的故障，使用广义改进自适应 Prony 方法对信息进行处理和分析，利用自组织映射-学习向量量化-人工神经网络进行故障识别，该方法在自主学习能力和泛化能力上具有明显的优势，但网络结构相对复杂。

针对现有故障识别方法存在的一些问题，本书使用多种信号分析方法，结合机器学习，分别从突变方向、幅值大小以及波形相似度等方面实现了同杆双回线路的区内外故障识别。

2. 同杆双回线路故障选相研究现状

输电线路各相之间存在着复杂的电气耦合一直是故障选相存在的难题，而同杆双回线路由于线路结构复杂，无疑加重了故障选相的难度。从目前故障选相的发展上看，故障选相可以分为基于工频量、暂态量和基于机器学习三种。

1) 基于工频量的故障选相

朱忆洋等[99]利用六序分量中幅值和相位的关系，实现了单回线路故障时的选线和选相，但对于跨线故障仍然无法正确选相。田书等[100]利用相电流突变量进行故障选相，成功实现了对单回线路故障和同名相跨线故障的选相，但对非同名相跨线故障选相没有提出好的设计方案。王艳等[101]对故障点处六序电流的大小进行了数学推导，然后根据各相电流的大小差异进行了故障选相。张海等[102]利用故障后电压与同名相电流之和的变化量进行故障选相，再比较故障相与其同名相电流的相位和幅值关系判断故障相序，实现了各种工况下的选相，但还存在一定的保护死区。

2) 基于暂态量的故障选相

Li 等[103]针对横差保护灵敏度低且易受系统工作模式影响等缺点，提出了一种集成式的横差保护方案，提高了故障判别的准确性，但对某些故障无法判别。Liu 等[104]从暂态分量进行了故障选相的研究，将小波变换用于提取故障电流分量的瞬态能量，通过形态滤波器消除高频噪声，最后比较暂态能量大小以识别故障类型并选择故障相。

3)基于机器学习的故障选相

Hu 等[105]利用卷积神经网络(convolutional neural network,CNN)对单端和单电路的电流及电压波形进行故障相识别,通过卷积核自动进行特征提取,避免了人工分析的误差精度问题,提高了选相的精度。张国星等[106]利用线路两端的电流、电压等综合电气量数据对堆叠自动编码器进行两个阶段的训练,提升了对复杂数据的选相精度。宁琦等[107]针对在强电源侧电压选相灵敏度不足以及现有选相方法无法同时判别所有故障类型等问题,提出了基于多尺度排列熵值及粒子群优化支持向量机的故障选相算法,但这些方法都只适用于单回线路故障,对于同杆双回线路的复杂故障类型不能准确选相。

基于此,本书利用机器学习算法具有自动提取特征的优势,结合卷积神经网络和长短期记忆网络,建立多任务特征共享网络,实现同杆双回线路的故障选相。

1.2　电网故障智能诊断技术的发展展望

1.2.1　T 接输电线路故障诊断的发展展望

T 接输电线路故障诊断的发展展望如下:

(1)T 接输电线路故障诊断主要包含区内外故障识别、故障选相以及故障测距三个方面的内容。由于时间和精力有限,本书仅研究 T 接输电线路故障支路识别方法和故障类型识别方法,未研究 T 接输电线路故障测距方法,今后还需对 T 接输电线路故障测距算法进行研究。

(2)开发 T 接输电线路故障诊断的通用实验装置,进一步利用动模实验或现场在线测试等方法验证故障诊断算法是否符合继电保护的各种规范要求。

1.2.2　高压直流输电线路故障诊断的发展展望

高压直流输电线路故障诊断的发展展望如下:

(1)目前通过不同故障情况下的仿真数据来验证研究的故障诊断方案,期望后续能够使用现场录波数据来验证所研究算法的有效性。

(2)目前研究对象是 HVDC 输电线路故障,期望后续能研究 HVDC 输电线路控制系统对保护算法的影响,研究新的保护算法的原理。

(3)期望后续研究 HVDC 输电线路的故障测距算法。

1.2.3　高压同杆双回线路故障诊断的发展展望

高压同杆双回线路故障诊断的发展展望如下:

(1)同杆双回线路电气耦合严重。使用传统的解耦方法得到的模量难以反映所有故障类型,为故障诊断增加了难度,为此需要进一步探讨简单快捷的电气解耦方法。

(2)目前只是对基于机器学习的同杆双回线路故障识别及其选相进行了理论研究和仿

真分析。与传统的故障诊断算法比较，基于机器学习的故障诊断算法对保护装置的运算能力提出了更高的要求，实现过程也比较复杂，在应用于实际的电力系统前还需要进一步的实验验证。

(3)现有的故障识别、故障选相和故障测距三者之间是割裂的。如何设计一种将三者集中到一起，实现从故障识别到故障选相，再到故障测距的故障诊断算法还有待进一步的研究。

1.3　本书内容结构

1.3.1　T接输电线路故障诊断技术研究

T接输电线路故障诊断技术研究内容如下：
(1)基于反行波多尺度能量熵的T接输电线路故障支路识别方法；
(2)基于多尺度行波功率的T接输电线路故障支路识别方法；
(3)基于电流故障分量特征的输电线路故障类型识别方法；
(4)基于电流复合特征的输电线路故障类型识别方法。

1.3.2　高压同杆双回线路故障识别及其选相算法研究

高压同杆双回线路故障识别及其选相算法研究内容如下：
(1)基于多分辨奇异值分解与随机森林(multi-resolution singular value decomposition & random forest，MRSVD-RF)的同杆双回线路故障识别方法；
(2)基于小波能量比的同杆双回线路故障识别方法；
(3)基于波形相似度的同杆双回线路故障识别方法；
(4)基于多任务学习的同杆双回线路故障选相方法。

1.3.3　高压直流输电线路故障智能诊断方法研究

高压直流输电线路故障智能诊断方法研究内容如下：
(1)基于随机森林的HVDC输电线路故障诊断算法；
(2)基于随机森林的故障诊断算法；
(3)基于VMD多尺度模糊熵的HVDC输电线路故障诊断算法；
(4)基于Teager能量算子和一维卷积神经网络(1-dimensional convolutional neural network，1D-CNN)的HVDC输电线路故障诊断算法。

第 2 章　　T 接输电线路故障诊断技术研究

2.1　引　　言

随着人们日常生产生活对电能需求的不断增加，电力网络也变得越来越复杂。从节约投资以及其他客观条件限制等方面考虑，T 接输电线路因其接线方式的独特性，在高压和超高压电力网中得到普遍应用[5,6]。由于 T 接输电线路常连接着大系统与大电厂，线路传输的功率高，一旦线路发生故障，如果无法快速对故障进行诊断并将故障切除，就会导致大面积停电事故发生，甚至引起电力系统的崩溃，从而带来巨大的经济损失。

近年来，神经网络被广泛应用于电力系统故障诊断研究中，但在 T 接输电线路故障诊断方面的研究还比较少。因此，本章针对 T 接输电线路故障诊断方法进行讨论，分别从 T 接输电线路故障支路识别和线路故障类型识别两个方面开展研究，结合神经网络强大的模式识别能力对输电线路故障情况进行诊断。本章通过分析 T 接输电线路故障时的电气量特征，研究两种 T 接输电线路故障支路识别方法，在识别故障支路的前提下，为进一步诊断 T 接输电线路的故障情况，研究两种输电线路故障类型识别方法。

2.1.1　T 接输电线路故障仿真模型

本章利用 PSCAD/EMTDC 电磁暂态仿真软件建立如图 2.1 所示 500kV T 接输电线路仿真模型，线路模型采用能精确反映暂态和谐波响应的频率相关的分布参数模型，线路型式采用 3H5 杆塔[108,109]，输电线配置如图 2.2 所示，其中相关参数如表 2.1 所示。母线杂散电容设定为：各支路长度 AO=300km，BO=200km，CO=150km，AD=170km，BE=150km，CF=180km。

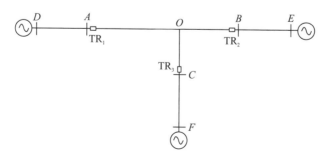

图 2.1　500kV T 接输电线路仿真模型

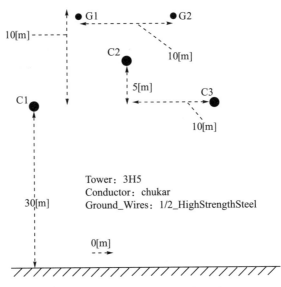

图 2.2   仿真模型中输电线配置

表 2.1   输电线路参数

线型	参数	数值
相线	导线半径	0.0203454m
	直流电阻	0.03206Ω/km
地线	导线半径	0.0055245m
	直流电阻	2.8645Ω/km

2.1.2   T 接输电线路行波的基本原理

图 2.3 为 500kV 的 T 接输电线路，定义图中 AO、BO、CO 三条支路为 T 接输电线路的区内支路，其余支路为区外支路。

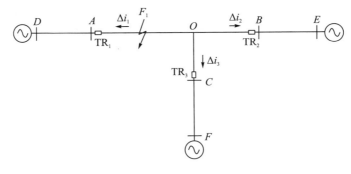

图 2.3   500kV T 接输电线路

T 接输电线路由区内支路 AO、BO、CO 和区外支路 AD、BE、CF 组成，在区内支路靠近 A、B、C 三端处分别安装行波保护单元 TR_1～TR_3，当支路 AO 上 F_1 点发生故障时，对于线路上距故障点为 x 的任意一点，该点的暂态电压、电流行波为[110]

$$
\begin{cases}
\Delta u\left(x,t\right) = \Delta u_+\left(x - tv\right) + \Delta u_-\left(x + tv\right) \\
\Delta i\left(x,t\right) = \Delta i_+\left(x - tv\right) + \Delta i_-\left(x + tv\right) \\
v = 1/\sqrt{LC}
\end{cases} \tag{2-1}
$$

式中，t 为观察时间；L 和 C 分别为单位长度线路的电感和电容；$\Delta u_+(\Delta u_-)$、$\Delta i_+(\Delta i_-)$ 为沿 x 正（反）方向传播的电压、电流前（反）行波。

根据行波传播理论，设 $t_{0m}(m=1,2,3)$ 分别为初始行波首次到达 A、B、C 三端的时刻，$t_{1m}(m=1,2,3)$ 为行波在线路波阻抗不连续处发生折反射后第二次到达 A、B、C 三端的时刻；在 $t_{0m} \sim t_{1m}$ 时间段内，区内支路近 A、B、C 三端处的行波保护单元 $\mathrm{TR}_m(m=1,2,3)$ 获取的故障行波称为初始电压行波 $\Delta u_m(m=1,2,3)$ 和初始电流行波 $\Delta i_m(m=1,2,3)$，线路波阻抗为 z_c。

2.2　基于反行波多尺度能量熵的 T 接输电线路故障支路识别方法

近年来，利用信息熵和 S 变换对电力系统进行故障诊断的应用已经较为成熟[111-114]。本章参考文献[114]～[116]阐述的方向行波与信息熵理论，结合 S 变换在电力系统故障诊断中的应用，将 S 变换能量相对熵和故障电流反行波相结合，利用 S 变换多尺度能量相对熵表征 T 接输电线路区内外故障特征，结合极限学习机的模式识别能力，对输电线路故障的具体支路进行识别。

2.2.1　T 接输电线路电流反行波特征分析

在电网中，通过分析故障时产生的暂态行波，能够快速、准确地诊断故障。相较于传统稳态参数方法，行波法表现出更强的灵敏性。近年来，该技术因其高精度和快速响应等优势，得到广泛应用。其中，基于反行波的诊断方法，凭借对行波传播特性和反射规律的深入分析，成为电网故障诊断的重要手段。

本节利用如图 2.4 所示的 500kV T 接输电线路故障仿真模型对区内外故障时的电流反行波进行分析。分析可知，线路上任一点的暂态电压（电流）都是前行波和反行波的叠加，由式 (2-2) 可得电流正（反）行波分别为[110]

$$
\begin{cases}
\Delta i_+ = \dfrac{1}{2}\left(\Delta i + \dfrac{\Delta u}{z_c}\right) \\
\Delta i_- = \dfrac{1}{2}\left(\Delta i - \dfrac{\Delta u}{z_c}\right)
\end{cases} \tag{2-2}
$$

式中，Δu 和 Δi 分别为各行波保护单元测量到的电压和电流故障行波分量。

1. T 接输电线路区内故障时电流反行波

根据图 2.3，定义行波正方向为母线指向线路，当区内 AO 支路 F_1 发生故障时，电流反行波的传播方向如图 2.4 所示，其中 $\Delta i_{m-}(m=1,2,3)$ 分别为区内支路 AO、BO、CO 的反行波。设区内外最短的一条线路的长度为 $d_{\min}$。

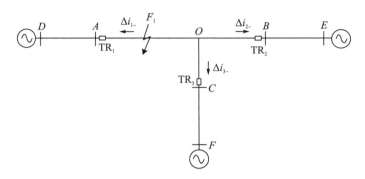

图 2.4　T 接输电线路区内 AO 支路故障时行波传播方向

　　设置 T 接输电线路区内支路 AO 距 O 点 250km 处发生 A 相接地故障，得到各行波保护单元 $\text{TR}_m(m=1,2,3)$ 的相关电流行波波形分别如图 2.5～图 2.7 所示 (以 S 变换后 40kHz 频率对应的信号为例)，其中 $\Delta i_m(m=1,2,3)$ 表示相关原始电流行波，$\Delta i_{m-}(m=1,2,3)$ 表示相关电流反行波。

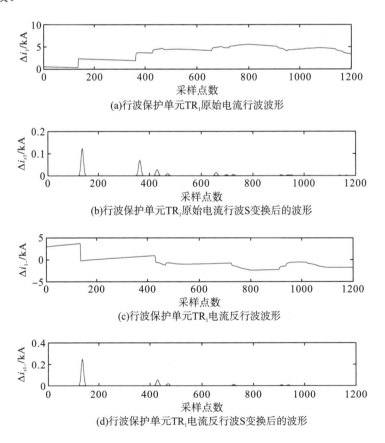

图 2.5　T 接输电线路区内支路 AO 故障时行波保护单元 TR_1 的相关行波波形

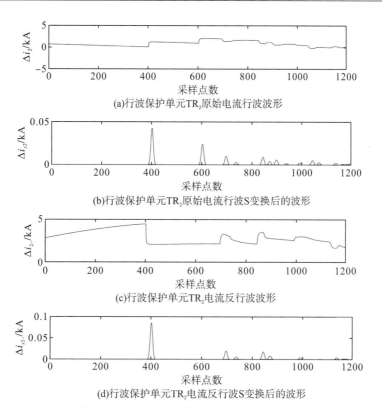

图 2.6   T 接输电线路区内支路 AO 故障时行波保护单元 TR_2 的相关行波波形

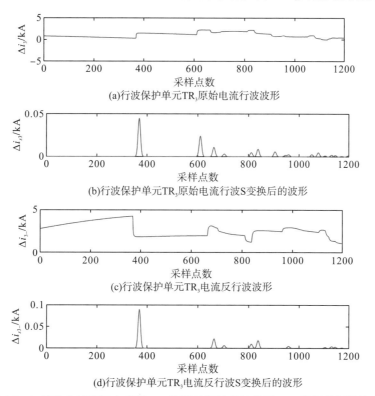

图 2.7   T 接输电线路区内支路 AO 故障时行波保护单元 TR_3 的相关行波波形

分析图 2.5~图 2.7 可知，当 T 接输电线路区内支路 AO 发生 A 相接地故障时，在 $[t_{0m}, t_{0m} + 2d_{min}/v](m=1,2,3)$ 时间段内，各行波保护单元 $\text{TR}_m(m=1,2,3)$ 测量到的初始电流行波与故障电流反行波同时出现，能检测到反行波。

2. T 接输电线路区外故障时电流反行波

图 2.8 为 T 接输电线路区外支路 BE 的 F_2 处发生故障时的方向行波传播方向，其中 $\Delta i_{m-}(m=1,3)$ 为区内支路 AO、CO 保护单元测量到的反行波，Δi_{2+} 为区内支路 BO 保护单元测量到的正行波。

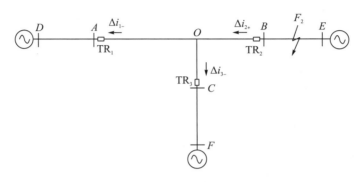

图 2.8　T 接输电线路区外故障时故障行波传播

设置 T 接输电线路区外支路 BE 距 E 端 100km 处发生 A 相接地故障时，得到各行波保护单元 $\text{TR}_m(m=1,2,3)$ 的相关电流行波波形分别如图 2.9~图 2.11 所示（以 S 变换后 40kHz 频率对应的信号为例），其中 $\Delta i_m(m=1,2,3)$ 表示相关原始电流行波，$\Delta i_{m-}(m=1,2,3)$ 表示相关电流反行波。

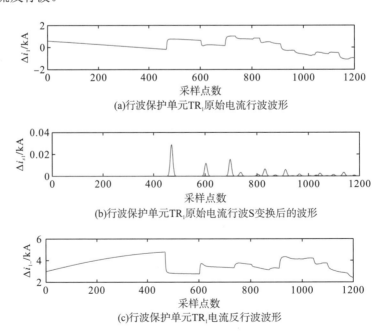

(a)行波保护单元TR_1原始电流行波波形

(b)行波保护单元TR_1原始电流行波S变换后的波形

(c)行波保护单元TR_1电流反行波波形

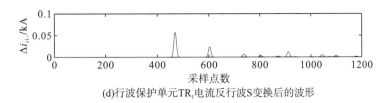

(d)行波保护单元TR₁电流反行波S变换后的波形

图 2.9 T 接输电线路区外支路 *BE* 故障时行波保护单元 TR₁ 的相关行波波形

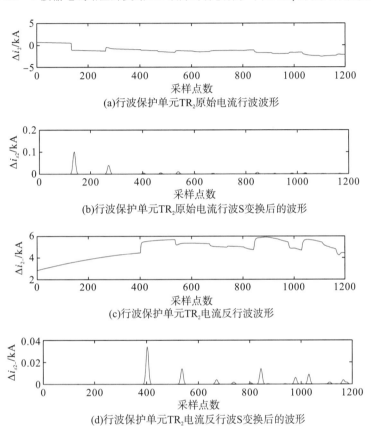

(a)行波保护单元TR₂原始电流行波波形

(b)行波保护单元TR₂原始电流行波S变换后的波形

(c)行波保护单元TR₂电流反行波波形

(d)行波保护单元TR₂电流反行波S变换后的波形

图 2.10 T 接输电线路区外支路 *BE* 故障时行波保护单元 TR₂ 的相关行波波形

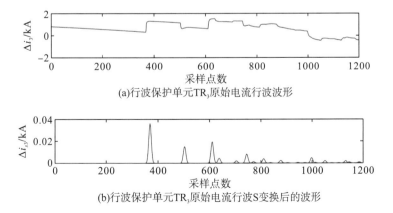

(a)行波保护单元TR₃原始电流行波波形

(b)行波保护单元TR₃原始电流行波S变换后的波形

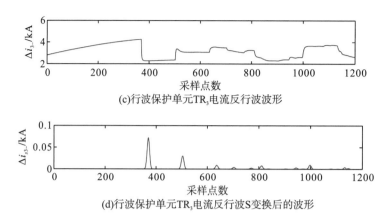

(c)行波保护单元TR_3电流反行波波形

(d)行波保护单元TR_3电流反行波S变换后的波形

图2.11　T接输电线路区外支路 BE 故障时行波保护单元 TR_3 的相关行波波形

分析图 2.9～图 2.11 可知，当 T 接输电线路区外支路 BE 支路发生故障时，在 $[t_{0m}, t_{0m} + 2d_{\min}/v](m=1,2,3)$ 时间段内，行波保护单元 $TR_m (m=1,3)$ 能检测到故障电流反行波，而行波保护单元 TR_2 只能检测到故障电流正向行波。

2.2.2　基于反行波 S 变换多尺度能量相对熵的故障诊断

1. 基于反行波计算 S 变换多尺度能量相对熵

在三相输电系统中，需要对相电压和相电流进行解耦处理来消除电压、电流之间的耦合影响。因此，本章采用克拉克相模变换对相电压和相电流数据进行解耦处理，再利用组合模量法来反映 T 接输电线路的各种故障类型[117]

$$\begin{cases} \Delta u_z = 4\Delta u_\alpha + \Delta u_\beta \\ \Delta i_z = 4\Delta i_\alpha + \Delta i_\beta \end{cases} \tag{2-3}$$

式中，Δu_α 与 Δu_β 分别为克拉克 α、β 模电压；Δi_α 与 Δi_β 分别为克拉克 α、β 模电流。

本章参考文献[118]所用方法，将解耦后的模量信息进行离散 S 变换，选取频域内多个频率下的电流反行波波头附近采样点信息，分别计算不同频率对应的反行波能量熵。

1)S 变换原理

设连续时间信号为 $h(t)$，则时间信号 $h(t)$ 的连续 S 变换 $S(\tau, f)$ 定义为[117]

$$S(\tau, f) = \int_{-\infty}^{\infty} h(t)g(\tau - t, f)\mathrm{e}^{-\mathrm{j}2\pi ft}\mathrm{d}t \tag{2-4}$$

$$g(\tau - t, f) = \frac{|f|}{\sqrt{2\pi}}\mathrm{e}^{-\frac{(\tau - t)^2}{2\sigma^2}} \tag{2-5}$$

式中，τ 为控制高斯窗口在时间轴上所处位置的参数；f 为连续频率；t 为时间；j 为虚数单位；$\sigma = 1/|f|$；$g(\tau - t, f)$ 为高斯窗口，受频率变化的影响。

若 $h[kT](k = 0, 1, 2, \cdots, N-1)$ 为对信号 $h(t)$ 进行采样得到的离散时间序列，T 为采样间隔，N 为采样点数，则 $h[kT]$ 的离散傅里叶变换为

$$h\left[\frac{n}{NT}\right] = \frac{1}{N}\sum_{k=0}^{N-1} h[kT]\mathrm{e}^{-\mathrm{j}\frac{2\pi kn}{N}} \tag{2-6}$$

式中，$n = 0,1,2,\cdots,N-1$。则信号 $h(t)$ 的离散 S 变换为

$$S\left[kT,\frac{n}{NT}\right] = \sum_{r=0}^{N-1} H\left(\frac{r+n}{NT}\right)\mathrm{e}^{-\frac{2\pi^2 r^2}{n^2}}\mathrm{e}^{\mathrm{j}\frac{2\pi rk}{N}}, \quad n \neq 0 \tag{2-7}$$

$$S[kT,0] = \frac{1}{N}\sum_{r=0}^{N-1} h\left(\frac{r}{NT}\right), \quad n = 0 \tag{2-8}$$

信号 S 变换后得到一个反映该信号时频特性的复矩阵。

2）S 变换能量熵

结合文献[119]对 S 变换能量熵的分析，对第 m 个行波保护单元检测到的电流反行波信号 $\Delta i_{m-}(t)$ $(m=1,2,3)$ 进行 S 变换，选择 8 个不同频率 f_n $(n=1,2,\cdots,8)$ 下的时间信号序列分别求其能量熵值 W_{mn}，定义该 8 个频率下的反行波能量熵组成的特征向量 $W_m = [W_{m1},W_{m2},\cdots,W_{m8}]$ 为信号 $\Delta i_{m-}(t)$ 的多尺度 S 变换能量熵向量。

这里选取 T 接输电线路故障后 0.5ms 时间段内数据（即反行波初始行波波头前后 50 个采样点数据）计算反行波 S 变换能量熵，以第 m 个行波保护单元 TR_m 的某一特定频率 f_n 对应的反行波信号 $\Delta i_{mn-}(t)$ 为例，给出能量熵计算步骤如下：

（1）反行波信号 $\Delta i_{mn-}(t)$ 经 S 变换得到一个复时频矩阵，记为 S 矩阵。将 S 矩阵的各个元素求模，得到模时频矩阵 D。

（2）设信号 $\Delta i_{mn-}(t)$ 在该特定频率 f_n 下的总能量 E_{mn} $(m=1,2,3)$ 等于该信号初始行波波头前后 50 个采样点的能量 $E_{mn(j)}$ $(j=1,2,\cdots,100)$ 之和，即 $E_{mn} = \sum_{j=1}^{100} E_{mn(j)}$，其中 $E_{mn(j)} = \left|D_{mn(j)}\right|^2$（$D_{mn(j)}$ 为第 m 个行波保护单元在频率 f_n 下第 j 个点的电流数据），则信号总能量 $E = \sum_{m=1}^{3} E_{mn}$，定义 $p_{m(j)}$ 为信号的第 j 个采样点能量与信号总能量之比，即 $p_{m(j)} = E_{mn(j)}/E$，则 $\sum_{m=1}^{3}\sum_{j=1}^{100} p_{m(j)} = 1$，于是第 m 个行波保护单元单频率信号 S 变换能量熵为 W_{mn}，多尺度能量熵向量为 $W_m = [W_{m1},W_{m2},\cdots,W_{m8}]_{1\times 8}$，其中 W_{mn} 定义为

$$W_{mn} = \left|\sum_{j=1}^{100} p_{m(j)}\log p_{m(j)}\right| \tag{2-9}$$

2. 故障识别流程

对故障后 T 接输电线路行波保护单元 TR_m $(m=1,2,3)$ 检测到的行波数据进行 S 变换，选择各行波保护单元在 S 变换后 5kHz、10kHz、15kHz、20kHz、25kHz、30kHz、35kHz、40kHz 八个频率对应的电流反行波数据，计算各频率下的反行波能量熵（取故障后 0.5ms 时间段内的数据，对应 100 个数据点），组成多尺度反行波能量熵向量 W_m，其中 $W_m = [W_{m1},W_{m2},\cdots,W_{m8}]_{1\times 8}$，将 3 个行波保护单元的多尺度反行波能量熵向量组合成一个 T

接输电线路故障特征向量 W，以此表征 T 接输电线路故障特征，进行故障支路标号后作为极限学习机的样本数据，其中 $W = [W_{11}, \cdots, W_{18}, W_{21}, \cdots, W_{28}, W_{31}, \cdots, W_{38}]_{1 \times 24}$。故障识别流程如图 2.12 所示。

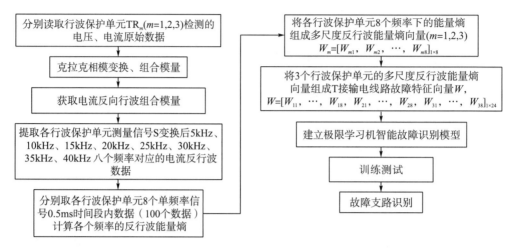

图 2.12   故障识别流程

2.2.3   仿真分析

为分析所研究故障识别算法的可行性，利用 PSCAD/EMTDC 电磁暂态仿真软件建立如图 2.1 所示的 500kV T 接输电线路仿真模型对算法进行仿真分析。

1. 故障支路识别模型的建立与测试

1）训练样本数据

为验证算法的有效性和可靠性，选择在不同故障类型、不同过渡电阻、不同故障距离和不同故障初始角等情况下对 T 接输电线路区内外各支路进行仿真实验。

极限学习机的训练样本由 T 接输电线路各支路发生故障时采样数据未丢失样本和采样数据丢失样本两部分组成，其中，采样数据未丢失样本由支路随机故障样本和 T 接输电线路区内近 O 点故障样本两部分组成。支路随机故障样本是在不同故障条件下，对 T 接输电线路 6 条支路选取 5 种不同故障仿真得到的 120 组故障特征向量；区内近 O 点故障样本是在区内支路 AO、BO、CO 上分别选取距 O 点 5km、4.5km、4km、3.5km、3km、2.5km、2km、1.5km、1.2km、1km 的故障距离，以不同故障条件仿真得到 30 组故障特征向量。采样数据丢失样本是在选取的 8 个频率下电流行波波头附近数据信息分别丢失 10、20、30、40、50 个采样点数据得到的 60 组故障特征向量，训练样本集组成如图 2.13 所示。

2）故障支路识别模型的建立与测试

将训练样本数据输入极限学习机中进行训练，得到一个训练好的极限学习机 T 接输电线路故障支路识别模型，再将训练样本数据输入训练好的模型中进行测试，得到的预测结果如图 2.14 所示。

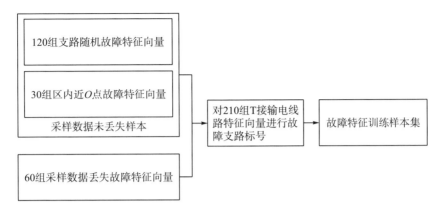

图 2.13　 训练样本集组成

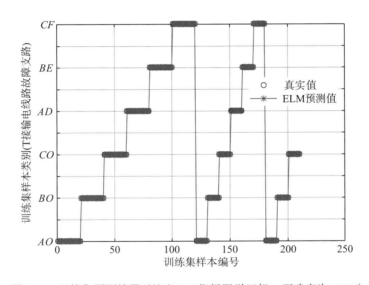

图 2.14　 训练集预测结果对比(ELM 指极限学习机, 正确率为 100%)

由图 2.14 分析可知, 训练样本数据在训练好的极限学习机故障支路识别模型中都能得到准确识别, 其测试结果正确率为 100%。

2. 测试样本测试分析

分别在 6 条支路上仿真不同故障初始角、不同过渡电阻、不同故障距离以及不同故障类型的故障特征测试样本, 然后将 4 类测试样本分别输入 T 接输电线路故障识别模型中进行测试, 并对测试结果进行分析。

1) 不同故障初始角仿真分析

将不同故障初始角的故障特征测试样本输入故障识别模型中进行测试, 得到的预测结果如图 2.15 所示。表 2.2 为对应故障情况的仿真验证结果。

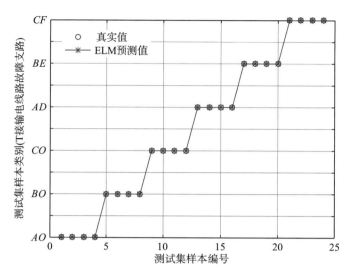

图 2.15　不同故障初始角测试集预测结果对比（ELM，正确率为 100%）

表 2.2　不同故障初始角测试集仿真结果

故障支路	故障初始角/(°)	故障类型	故障与 O 点距离/km	过渡电阻/Ω	识别结果
	5				AO
AO	45	BG	160	350	AO
	60				AO
	120				AO
	5				BO
BO	25	BG	100	100	BO
	60				BO
	120				BO
	5				CO
CO	45	ABG	50	250	CO
	60				CO
	120				CO
	5				AD
AD	25	BCG	380	0	AD
	45				AD
	60				AD
	5				BE
BE	45	ACG	275	200	BE
	60				BE
	120				BE
	5				CF
CF	25	BCG	250	100	CF
	45				CF
	120				CF

由图 2.15 和表 2.2 分析可知，不同故障初始角测试样本故障所在支路均能准确被 T 接输电线路故障支路识别模型识别，故该保护算法基本不受故障初始角的影响。

2) 不同过渡电阻仿真分析

将不同过渡电阻的故障特征测试样本输入故障识别模型中进行测试，得到的预测结果如图 2.16 所示。表 2.3 为对应故障情况的仿真验证结果。

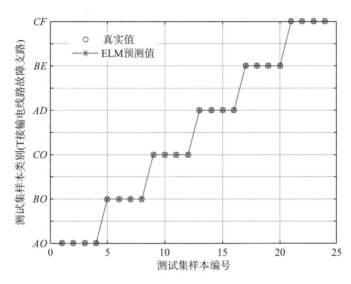

图 2.16　不同过渡电阻测试集预测结果对比(ELM，正确率为 100%)

表 2.3　不同过渡电阻故障测试集仿真结果

故障支路	过渡电阻/Ω	故障初始角/(°)	故障与 O 点距离/km	故障类型	识别结果
	50				AO
AO	100	60	130	AG	AO
	200				AO
	300				AO
	0				BO
BO	50	45	130	ABG	BO
	100				BO
	200				BO
	50				CO
CO	100	25	80	ACG	CO
	200				CO
	300				CO
	0				AD
AD	50	25	430	ABG	AD
	100				AD
	200				AD

故障支路	过渡电阻/Ω	故障初始角/(°)	故障与 O 点距离/km	故障类型	识别结果
	20				BE
	100				BE
BE	200	60	270	ABG	BE
	300				BE
	50				CF
	100				CF
CF	200	45	240	ABG	CF
	400				CF

由图 2.16 和表 2.3 分析可知，不同过渡电阻测试样本故障所在支路均能准确被 T 接输电线路故障支路识别模型识别，故该保护算法基本不受过渡电阻的影响。

3) 不同故障距离仿真分析

将不同故障距离的故障特征测试样本输入故障识别模型中进行测试，得到的输出预测结果如图 2.17 所示。表 2.4 为对应故障情况的仿真验证结果。

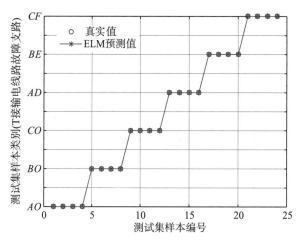

图 2.17　不同故障距离测试集预测结果对比(ELM，正确率为100%)

表 2.4　不同故障距离测试集仿真结果

故障支路	故障与 O 点距离/km	故障初始角/(°)	故障类型	过渡电阻/Ω	识别结果
	270				AO
	210				AO
AO	160	45	ABG	300	AO
	70				AO
	170				BO
	125				BO
BO	95	45	BCG	50	BO
	55				BO

续表

故障支路	故障与 O 点距离/km	故障初始角/(°)	故障类型	过渡电阻/Ω	识别结果
CO	140	5	BG	100	CO
	110				CO
	80				CO
	40				CO
AD	430	60	BG	200	AD
	400				AD
	380				AD
	340				AD
BE	320	25	CG	100	BE
	280				BE
	260				BE
	230				BE
CF	290	60	ACG	50	CF
	250				CF
	210				CF
	190				CF

由图 2.17 和表 2.4 分析可知，不同故障距离测试样本故障所在支路均能准确被 T 接输电线路故障支路识别模型识别，故该保护算法基本不受故障距离的影响。

4) 不同故障类型仿真分析

将不同故障类型的故障特征测试样本输入故障识别模型中进行测试，得到的预测结果如图 2.18 所示。表 2.5 为对应故障情况的仿真验证结果。

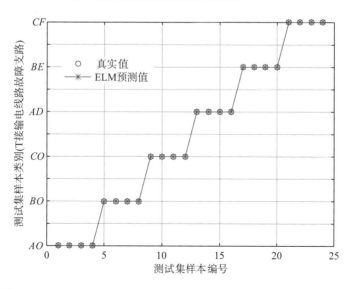

图 2.18　不同故障类型测试集预测结果对比(ELM，正确率为 100%)

表 2.5　不同故障类型测试集仿真结果

故障支路	故障类型	故障初始角/(°)	故障与 O 点距离/km	过渡电阻/Ω	识别结果
AO	ACG				AO
	AG	25	140	200	AO
	BCG				AO
	ABC				AO
BO	AG				BO
	BCG	5	110	0	BO
	BC				BO
	ABC				BO
CO	CG				CO
	ABG	60	100	300	CO
	AB				CO
	ABC				CO
AD	AG				AD
	BCG	45	400	100	AD
	BC				AD
	ABC				AD
BE	BG				BE
	ABG	45	250	400	BE
	ACG				BE
	ABC				BE
CF	CG				CF
	ABG	25	210	200	CF
	ACG				CF
	ABC				CF

　　由图 2.18 与表 2.5 分析可知, 不同故障类型测试样本故障所在支路均能准确被 T 接输电线路故障支路识别模型识别, 故该保护算法基本不受故障类型的影响。

2.2.4　算法性能分析

1. 近 O 点故障分析

　　为分析所研究算法对 T 接输电线路近 O 点故障的识别性能, 分别在 T 接输电线路区内 3 条支路仿真 5 组不同于训练样本故障情况的测试样本, 并将近 O 点故障测试样本输入故障识别模型中进行测试, 得到的预测结果如图 2.19 所示。表 2.6 为对应故障情况的仿真验证结果。由图 2.19 与表 2.6 分析可知, 近 O 点测试样本数据的故障支路在极限学习机识别模型中都能得到准确识别, 其识别正确率为 100%。

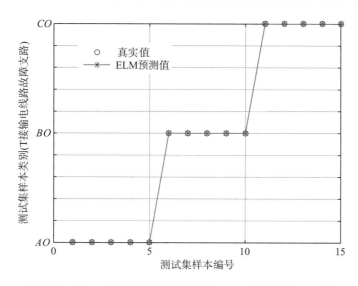

图 2.19　近 O 点故障预测结果对比（ELM，正确率为 100%）

表 2.6　近 O 点故障测试集仿真结果

故障支路	故障与 O 点距离/km	故障类型	故障初始角/(°)	过渡电阻/Ω	识别结果
	2.5	AC	60	100	AO
	2	ABG	120	50	AO
AO	1.5	AG	45	300	AO
	1.2	ACG	60	50	AO
	1	BCG	25	100	AO
	2.5	ABG	45	200	BO
	2	AB	5	100	BO
BO	1.5	BCG	120	200	BO
	1.2	BG	5	300	BO
	1	ABG	45	100	BO
	2.5	ACG	5	200	CO
	2	BC	45	50	CO
CO	1.5	AG	60	400	CO
	1.2	ACG	25	100	CO
	1	BCG	120	100	CO

2. 数据丢失影响分析

由于本章所研究的算法是利用 S 变换后的电流波形幅值计算故障特征量，在实际工程中可能会出现数据丢失的情况，为验证算法在采样点数据丢失下的性能，本小节以 TR_1 采样点数据随机丢失为例，选取区内支路 BO 和区外支路 CF 进行仿真，在 S 变换后 40kHz 频率下设置采样数据分别随机丢失 10、15、20、25、30 个数据点，得到 10 组 T 接输电线路故障特征向量。

图 2.20 为区内支路 BO 在距 O 点 110km 处发生 AG 故障时故障后行波波头附近采样

点数据信息随机丢失的相关波形。图 2.21 为区外支路 *CF* 在距 *O* 点 230km 处发生 ACG 故障时行波波头附近采样点数据信息随机丢失相关波形。

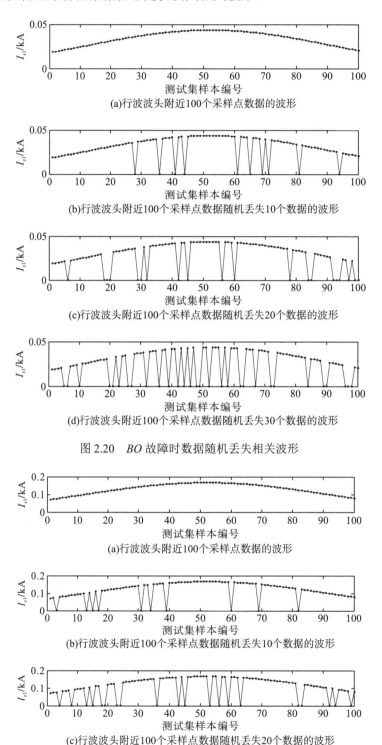

(a)行波波头附近100个采样点数据的波形

(b)行波波头附近100个采样点数据随机丢失10个数据的波形

(c)行波波头附近100个采样点数据随机丢失20个数据的波形

(d)行波波头附近100个采样点数据随机丢失30个数据的波形

图 2.20　*BO* 故障时数据随机丢失相关波形

(a)行波波头附近100个采样点数据的波形

(b)行波波头附近100个采样点数据随机丢失10个数据的波形

(c)行波波头附近100个采样点数据随机丢失20个数据的波形

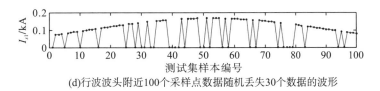

(d)行波波头附近100个采样点数据随机丢失30个数据的波形

图 2.21　*CF* 故障时数据随机丢失相关波形

　　将数据丢失故障特征测试样本输入极限学习机故障识别模型中进行测试,得到预测结果如图 2.22 所示。表 2.7 为对应故障数据丢失下的具体仿真结果。由图 2.22 与表 2.7 分析可知,所研究的算法在数据随机丢失一定数量的情况下也能较好地识别输电线路的具体故障支路,因此所研究算法具有一定的抗数据丢失的能力。

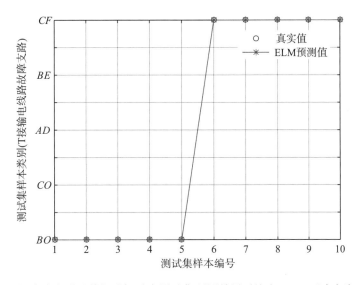

图 2.22　行波波头附近数据随机丢失测试集预测结果对比(ELM,正确率为 100%)

表 2.7　数据丢失测试集仿真结果

故障支路	数据随机丢失个数	故障类型	故障初始角/(°)	故障与 O 点距离/km	过渡电阻/Ω	识别结果
	10					*BO*
	15					*BO*
BO	20	AG	5	110	100	*BO*
	25					*BO*
	30					*BO*
	10					*CF*
	15					*CF*
CF	20	ACG	45	230	50	*CF*
	25					*CF*
	30					*CF*

3. 抗 CT 饱和性能分析

为验证本章所研究算法的抗 CT 饱和性能，本小节在区内支路 BO 出现 CT 饱和的情况下，分别在 T 接输电线路的 6 条区内外支路仿真一组故障，以此来分析算法的抗 CT 饱和干扰的能力，CT 饱和仿真模型采用具有较好时频特性的非线性时域等效电路模型[120]。将 CT 饱和故障测试样本输入极限学习机故障识别模型中进行测试，得到的测试集预测结果如图 2.23 所示。表 2.8 为对应 CT 饱和故障下仿真测试结果。

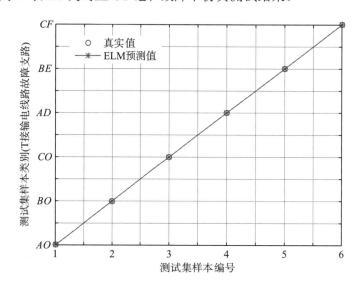

图 2.23　抗 CT 饱和测试集预测结果对比(ELM，正确率为 100%)

表 2.8　CT 饱和时测试集仿真结果

故障支路	故障类型	故障初始角/(°)	故障与 O 点距离/km	过渡电阻/Ω	识别结果
AO	ABG	45	160	100	AO
BO	BC	60	100	100	BO
CO	CG	60	100	100	CO
AD	BCG	60	370	100	AD
BE	ACG	5	290	100	BE
CF	AG	5	250	200	CF

由图 2.23 和表 2.8 分析可知，在 CT 饱和情况下，所研究的算法能准确识别 T 接输电线路的故障支路，因此所研究的算法受 CT 饱和影响较小。

4. 噪声影响分析

传统行波保护易受噪声干扰，因此有必要验证噪声干扰对所研究算法的影响，在 T 接输电线路各行波保护单元 $\mathrm{TR}_m\ (m=1,2,3)$ 测量得到的电压、电流信号中加入不同信噪比的噪声。图 2.24 为 T 接输电线路区内支路 BO 故障行波保护单元 TR_1 测量的电流相关行波波形，图 2.25 为 T 接输电线路区外 AD 支路故障时行波保护单元 TR_1 测量的电流相关行波波形(以行波保护单元 TR₁ 测量到的电流行波在信噪比为 30dB 和 S 变换后频率为 40kHz 情况下为例)。

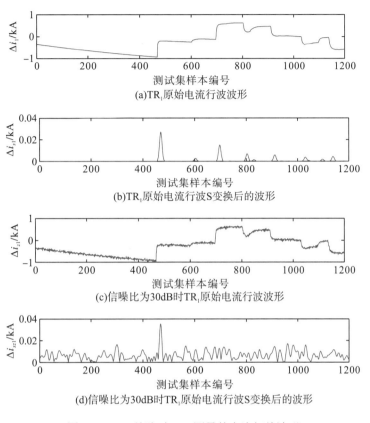

(a)TR₁原始电流行波波形

(b)TR₁原始电流行波S变换后的波形

(c)信噪比为30dB时TR₁原始电流行波波形

(d)信噪比为30dB时TR₁原始电流行波S变换后的波形

图 2.24　*BO* 故障时 TR₁ 测量的电流相关波形

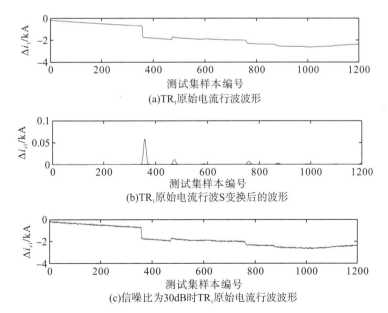

(a)TR₁原始电流行波波形

(b)TR₁原始电流行波S变换后的波形

(c)信噪比为30dB时TR₁原始电流行波波形

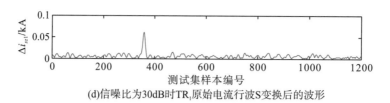

(d)信噪比为30dB时TR₁原始电流行波S变换后的波形

图 2.25 AD 故障时 TR$_1$ 测量的电流相关波形

为验证所研究算法的抗噪性能，分别在 T 接输电线路的区内 BO 支路和区外 AD 支路仿真一组不同于训练样本情况的测试样本，并在电压、电流信号中加入信噪比为 20～70dB 的噪声，可以得到 10 组测试样本数据。将不同噪声影响测试样本输入极限学习机故障识别模型中进行测试，得到的预测结果如图 2.26 所示。表 2.9 为区内支路 BO 和区外支路 AD 在不同信噪比故障下的仿真测试结果。

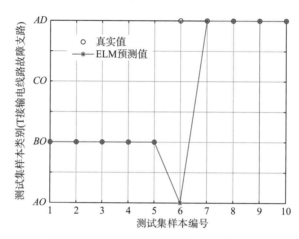

图 2.26 抗噪测试集预测结果对比(ELM，正确率为90%)

表 2.9 噪声影响测试集仿真结果

故障支路	SNR/dB	故障类型	故障初始角/(°)	故障与 O 点距离/km	过渡电阻/Ω	识别结果
	30					BO
	40					BO
BO	50	ABG	45	130	50	BO
	60					BO
	70					BO
	20					AO
	30					AD
AD	50	ABG	25	430	50	AD
	60					AD
	70					AD

由图 2.26 与表 2.9 分析可知，当区外 AD 支路信噪比在 20dB，故障支路识别为 AO 支路，算法识别出错，但区内支路 BO 和区外支路 AD 在信噪比为 30～70dB 故障时，所研究算法能准确地识别故障所在支路，表明所研究算法具有一定的抗噪能力。

2.3 基于多尺度行波功率的 T 接输电线路故障支路识别方法

在输电线路故障识别中，单一使用电压或电流量，所含故障信息量较少，不能较为全面地反映输电线路故障状况，具有一定的局限性。因此，本节同时利用电压和电流信息对 T 接输电线路故障进行诊断，通过 T 接输电线路的彼得逊等值电路模型分析区内外故障时初始行波功率的分布特征，基于 S 变换分别计算区内三个行波保护单元多频率下的初始行波平均有功功率，以此表征 T 接输电线路区内外故障特征，结合概率神经网络识别输电线路故障的具体支路。

2.3.1 T 接输电线路初始行波功率分析

本节利用如图 2.1 所示的 500kV T 接输电线路故障仿真模型对区内外故障初始行波有功功率进行分析。根据图 2.3，设电流极性为流出母线为正，流进母线为负，功率的正负可根据各母线关联线路电流极性定义。

1. 区内故障时初始行波功率分布

当故障发生在 T 接输电线路区内 AO 支路 F_1 处时，T 接输电线路的彼得逊等值电路如图 2.27 所示，其中 $\Delta \dot{U}_{F1}$ 为故障点附加网络电压；$\Delta \dot{U}_A$、$\Delta \dot{I}_1$ 分别为测量到的母线 A 的初始电压、电流行波；线路 AO、BO、CO、AD、BE、CF 的波阻抗分别为 $Z_{C1} \sim Z_{C6}$。由线路波阻抗近似为实常数可知[118,121]，$Z_{C1} = Z_{C2} = Z_{C3} = Z_{C4} = Z_{C5} = Z_{C6} \approx R$，母线 A 对地等值电容阻抗为 Z_{CA}。

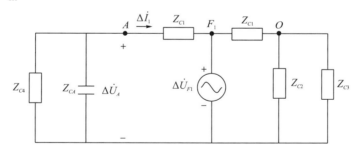

图 2.27 区内支路 AO 故障时彼得逊等效电路

由初始行波复功率的定义[122]，可得该线路母线 A 端的初始行波复功率为

$$\Delta \tilde{S}_A = \Delta \dot{U}_A \Delta \dot{I}_1^* = \Delta \dot{U}_A \times \left(-\frac{\Delta \dot{U}_A}{Z_{C4} // Z_{CA}} \right)^* = -\Delta U_A^2 \times \frac{1}{Z_{C4} // Z_{CA}} = P_A + \mathrm{j} Q_A \quad (2\text{-}10)$$

式中，P_A 为线路初始行波有功功率；Q_A 为线路初始行波无功功率。则区内故障时有

$$P_A = -\Delta U_A^2 \times \frac{1}{Z_{C4} // Z_{CA}} < 0 \quad (2\text{-}11)$$

设置 T 接输电线路区内 BO 支路距 O 点 155km 处发生故障初始角为 45°的 AC 相接地故障，其中过渡电阻为 300Ω。各行波保护单元 $\text{TR}_m (m=1,2,3)$ 相关波形分别如图 2.28～图 2.30 所示(以 S 变换后 20kHz 频率对应的信号为例)，其中 Δi_m、Δu_m 为 $\text{TR}_m (m=1,2,3)$ 的初始电流、电压行波，P_m 为行波保护单元 $\text{TR}_m (m=1,2,3)$ 初始行波有功功率。

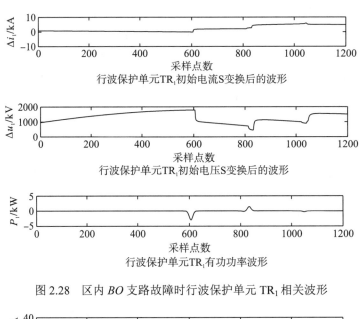

图 2.28　区内 BO 支路故障时行波保护单元 TR_1 相关波形

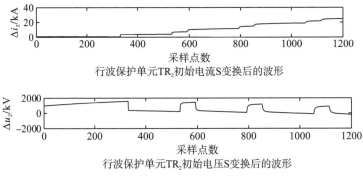

图 2.29　区内 BO 支路故障时行波保护单元 TR_2 相关波形

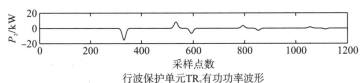

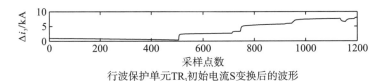

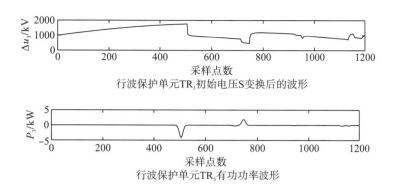

图 2.30　区内 *BO* 支路故障时行波保护单元 TR$_3$ 相关波形

由图 2.28~图 2.30 可知，当 T 接输电线路区内支路 *BO* 发生故障时，各行波保护单元初始电压、电流行波波头附近数据所求有功功率大小均为负值。

2. 区外故障时初始行波功率分布

当故障发生在 T 接输电线路区外 *AD* 支路 *F*$_2$ 处时，T 接输电线路的彼得逊等值电路如图 2.31 所示。

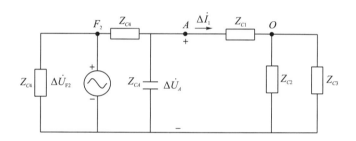

图 2.31　区外支路 *AD* 故障时彼得逊等效电路

可得行波保护单元 TR$_1$ 测量到的复功率为

$$\Delta \tilde{S}_A = \Delta \dot{U}_A \Delta \dot{I}_1^* = \Delta \dot{U}_A \times \frac{\Delta \dot{U}_A^*}{Z_{C1} + Z_{C2}//Z_{C3}} = \Delta U_A^2 \times \frac{1}{Z_{C1} + Z_{C2}//Z_{C3}} = P_A + jQ_A \qquad (2\text{-}12)$$

式中，P_A 为线路初始行波有功功率；Q_A 为线路初始行波无功功率。则区外故障时有

$$P_A = \frac{\Delta U_A^2}{Z_{C1} + Z_{C2}//Z_{C3}} > 0 \qquad (2\text{-}13)$$

设置 T 接输电线路区外支路 *BE* 距 *O* 点 270km 处发生故障初始角为 45° 的 AB 相接地故障，其中过渡电阻为 200Ω。各行波保护单元的相关波形分别如图 2.32~图 2.34 所示（以 S 变换后 20kHz 频率对应的信号为例）。

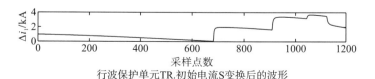

行波保护单元TR$_1$初始电流S变换后的波形

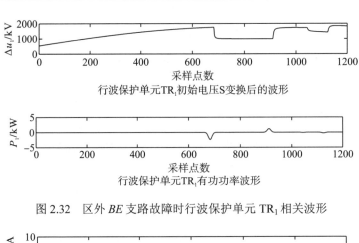

图 2.32　区外 *BE* 支路故障时行波保护单元 TR₁ 相关波形

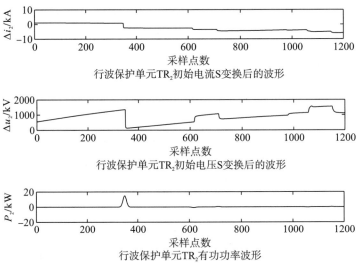

图 2.33　区外 *BE* 支路故障时行波保护单元 TR₂ 相关波形

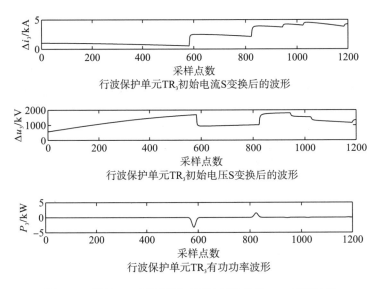

图 2.34　区外 *BE* 支路故障时行波保护单元 TR₃ 相关波形

由图 2.32～图 2.34 可知, 当 T 接输电线路区外支路 BE 发生故障时, 行波保护单元 TR_2 初始电压、电流行波波头附近数据所求有功功率大小均为正值，行波保护单元 $TR_m(m=1,3)$ 初始电压、电流行波波头附近数据所求有功功率大小均为负值。

2.3.2　基于初始行波有功功率的故障诊断

利用克拉克相模变换对相电压和相电流进行解耦处理[123]，再结合组合模量法来反映 T 接输电线路的各种故障类型[122]:

$$\begin{cases} \Delta u_z = 4\Delta u_\alpha + \Delta u_\beta \\ \Delta i_z = 4\Delta i_\alpha + \Delta i_\beta \end{cases} \tag{2-14}$$

式中，Δu_α 与 Δu_β 分别为克拉克 α、β 模电压；Δi_α 与 Δi_β 分别为克拉克 α、β 模电流。

本章参考文献[118]所用方法，将对解耦后的故障电流、电压行波模量进行离散 S 变换，选取故障后多个频率下的电流、电压初始行波波头附近采样点信息计算初始行波有功功率。

对信号 S 变换后得到一个反映该信号时频特性的复矩阵，矩阵的行对应频率信息，矩阵的列对应幅值信息和相位信息[117,118]。

1. 基于 S 变换计算初始行波有功功率

分别对 T 接输电线路各行波保护单元 TR_m（$m=1,2,3$）测得的电压、电流行波进行 S 变换，选择 15 个不同频率 f_n（$n=1,2,\cdots,15$）下故障后 0.1ms 时间段内的电压、电流初始行波 l 个采样点对应的相量 $\Delta \dot{U}_{mn}(l)$、$\Delta \dot{I}_{mn}(l)$，分别求取各行波保护单元对应频率下的平均有功功率 P_{mn}，定义该 15 个频率下的初始行波平均有功功率组成的特征向量 $P_m = [P_{m\text{-}1}, P_{m\text{-}2}, \cdots, P_{m\text{-}15}]$ 为行波保护单元 TR_m 的多尺度有功功率特征向量。

本小节以第 m 个行波保护单元 TR_m 的某一特定频率 f_n 对应的有功功率计算为例，具体步骤如下:

(1) 对行波保护单元 TR_m 测得的初始电压、电流行波分别进行 S 变换，得到初始电压、电流行波的复时频矩阵，分别记作 S_{Vm}、S_{Im}。

(2) 选定 S 变换后 f_n 频率对应的初始电流、电压 20 个采样点的行波数据，分别表示为 $\Delta \dot{U}_{mn}(l)$、$\Delta \dot{I}_{mn}(l)$，其中 $l = 1,2,\cdots,20$。

(3) 利用式 (2-15) 求取频率 f_n 下各采样点对应的复功率，即

$$\Delta S_{mn}(l) = \Delta \dot{U}_{mn}(l) \times \Delta \dot{I}_{mn}^*(l) = P_{mn}(l) + jQ_{mn}(l) \tag{2-15}$$

(4) 计算各行波保护单元 TR_m 在频率 f_n 下 20 个采样点的平均有功功率

$$P_{mn} = \sum_{l=1}^{20} P_{mn}(l) \Big/ 20。$$

2. 故障识别流程

选择 S 变换后 6～20kHz 下 15 个频率对应的初始电压、电流行波数据，分别计算各行波保护单元对应频率的平均有功功率，组成多尺度初始行波有功功率特征向量

$P_m=[P_{m-1}, P_{m-2}, \cdots, P_{m-15}]$，将 3 个行波保护单元的初始行波有功功率特征向量组成 T 接输电线路故障特征向量 $P=[P_{1-1}, \cdots, P_{1-15}, P_{2-1}, \cdots, P_{2-15}, P_{3-1}, \cdots, P_{3-15}]$，以此表征 T 接输电线路故障特征。故障支路识别流程如图 2.35 所示。

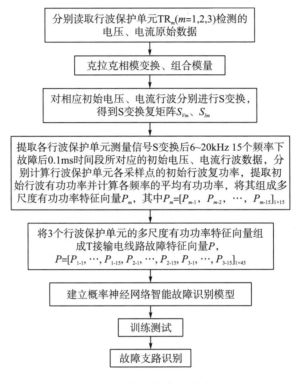

图 2.35 故障支路识别流程

2.3.3 仿真分析

为验证本节所提算法的有效性与可行性，利用 PSCAD/EMTDC 电磁暂态仿真软件建立如图 2.1 所示 500kV T 接输电线路仿真模型进行仿真分析。

1. 故障支路识别模型的建立与测试

1) 训练样本数据

概率神经网络的训练样本由 T 接输电线路各支路随机故障样本和区内近 O 点故障样本两部分组成。

(1) 各支路随机故障样本由 T 接输电线路区内外 6 条支路在 4 类故障情况下各选取 5 种不同的故障情况，仿真得到 120 组故障特征向量。

(2) 区内近 O 点故障样本是在区内支路 AO、BO、CO 上分别选取距 O 点 10km、9km、8km、7km、6km、5km、4km、3km、2km、1km 的故障距离，以不同故障条件仿真得到 30 组故障特征向量。

各支路随机故障样本和区内近 O 点故障样本共同组成故障特征训练样本集。

2) 样本实验结果与分析

将训练样本数据输入概率神经网络中进行训练，得到一个训练好的概率神经网络 T 接输电线路故障支路识别模型，再将训练样本数据输入训练好的模型中进行测试，得到如图 2.36 所示的训练样本预测结果。

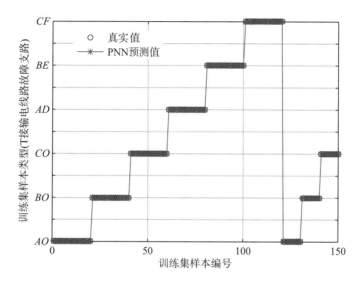

图 2.36 训练集预测结果对比(PNN，正确率为 100%)

由图2.36分析可知，训练样本的故障支路在概率神经网络(probabilistic neural network，PNN)故障支路识别模型中都能得到准确识别，其测试结果正确率为 100%。

2. 测试样本测试分析

在故障支路识别模型中分别对不同故障初始角、不同过渡电阻、不同故障距离以及不同故障类型的测试样本集进行测试，识别故障支路，并分别对 4 种测试样本集的测试结果进行分析。

1) 不同故障初始角仿真分析

在概率神经网络故障支路识别模型中对不同故障初始角故障测试样本进行测试，可以得到如图 2.37 所示的预测结果。表 2.10 为对应故障情况的仿真验证结果。

表 2.10 不同故障初始角测试集仿真结果

故障支路	故障初始角/(°)	故障类型	故障与 O 点距离/km	过渡电阻/Ω	识别结果
	5				AO
AO	25	AC	150	100	AO
	60				AO
	100				AO

续表

故障支路	故障初始角/(°)	故障类型	故障与 O 点距离/km	过渡电阻/Ω	识别结果
BO	5	BG	80	200	*BO*
	45				*BO*
	90				*BO*
	120				*BO*
CO	5	ACG	85	250	*CO*
	60				*CO*
	100				*CO*
	120				*CO*
AD	25	CG	350	300	*AD*
	45				*AD*
	60				*AD*
	120				*AD*
BE	5	ABG	285	400	*BE*
	45				*BE*
	60				*BE*
	100				*BE*
CF	25	BCG	230	200	*CF*
	60				*CF*
	100				*CF*
	120				*CF*

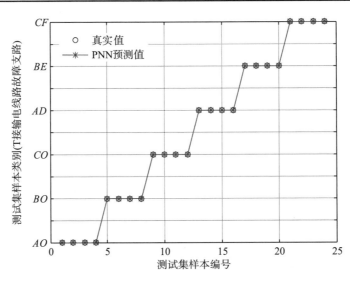

图 2.37　不同故障初始角测试集预测结果对比(PNN，正确率为100%)

由表 2.10 和图 2.37 分析可知，所研究算法均能准确识别不同故障初始角测试样本的故障支路，故障初始角基本不会对所研究算法识别的精确性造成影响。

2) 不同过渡电阻仿真分析

在概率神经网络故障支路识别模型中对不同故障过渡电阻测试样本进行测试, 可以得到如图 2.38 所示的预测结果。表 2.11 为对应故障情况的仿真验证结果。

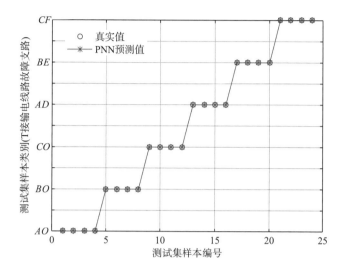

图 2.38　不同过渡电阻测试集预测结果对比 (PNN, 正确率为 100%)

表 2.11　不同过渡电阻故障测试集仿真结果

故障支路	过渡电阻/Ω	故障初始角/(°)	故障与 O 点距离/km	故障类型	识别结果
AO	50	5	175	CG	AO
	100				AO
	200				AO
	300				AO
BO	0	60	105	BC	BO
	100				BO
	300				BO
	400				BO
CO	100	45	85	BCG	CO
	200				CO
	300				CO
	400				CO
AD	20	120	370	ACG	AD
	100				AD
	400				AD
	500				AD
BE	50	60	230	ACG	BE
	100				BE
	200				BE

续表

故障支路	过渡电阻/Ω	故障初始角/(°)	故障与 O 点距离/km	故障类型	识别结果
	300				*BE*
	100				*CF*
CF	200	25	260	BG	*CF*
	300				*CF*
	400				*CF*

由图 2.38 和表 2.11 分析可知，所研究算法均能准确识别不同过渡电阻测试样本的故障支路，过渡电阻基本不会对所研究算法的识别精确性造成影响。

3) 不同故障距离仿真分析

在概率神经网络故障支路识别模型中对不同故障距离测试样本进行测试，可以得到如图 2.39 所示的预测结果。表 2.12 为对应故障情况的仿真验证结果。

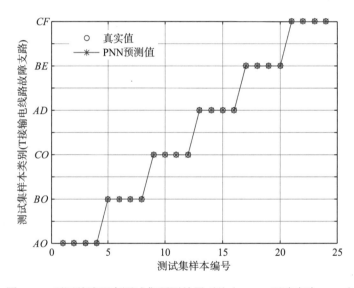

图 2.39   不同故障距离测试集预测结果对比(PNN，正确率为 100%)

表 2.12   不同故障距离测试集仿真结果

故障支路	故障与 O 点距离/km	故障初始角/(°)	故障类型	过渡电阻/Ω	识别结果
	255				*AO*
	240				*AO*
AO	180	60	BCG	100	*AO*
	50				*AO*
	160				*BO*
BO	130	120	AG	300	*BO*
	90				*BO*

续表

故障支路	故障与 O 点距离/km	故障初始角/(°)	故障类型	过渡电阻/Ω	识别结果
	40				*BO*
	130				*CO*
CO	80	25	AC	200	*CO*
	45				*CO*
	25				*CO*
	435				*AD*
AD	400	5	ACG	400	*AD*
	375				*AD*
	345				*AD*
	305				*BE*
BE	270	100	BG	200	*BE*
	245				*BE*
	225				*BE*
	290				*CF*
CF	265	45	ABG	100	*CF*
	225				*CF*
	195				*CF*

由图 2.39 和表 2.12 分析可知，所研究算法均能准确识别不同故障距离测试样本故障所在支路，故障距离基本不会对所研究算法的识别精确性造成影响。

4) 不同故障类型仿真分析

在概率神经网络故障支路识别模型中对不同故障类型测试样本进行测试，可以得到如图 2.40 所示的预测结果。表 2.13 为对应故障情况的预测结果对比。

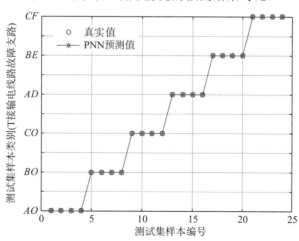

图 2.40　不同故障类型测试集预测结果对比(PNN，正确率为 100%)

表 2.13　不同故障类型测试集仿真结果

故障支路	故障类型	故障初始角/(°)	故障与 O 点距离/km	过渡电阻/Ω	识别结果
AO	AG	45	120	300	AO
	BCG				AO
	AC				AO
	ABC				AO
BO	BG	120	125	200	BO
	ABG				BO
	ACG				BO
	ABC				BO
CO	AG	60	75	50	CO
	ACG				CO
	BC				CO
	ABC				CO
AD	CG	5	375	100	AD
	BCG				AD
	AB				AD
	ABC				AD
BE	BG	100	275	400	BE
	ABG				BE
	ACG				BE
	ABC				BE
CF	CG	25	235	200	CF
	BCG				CF
	BC				CF
	ABC				CF

由图 2.40 和表 2.13 分析可知，所研究算法均能准确识别不同故障类型测试样本故障的具体支路，故障类型基本不会对所研究算法的识别精确性造成影响。

2.3.4　算法性能分析

1. 近 O 点故障分析

为分析本章所研究算法对 T 接输电线路近 O 点故障的识别性能，分别在 T 接输电线路区内 3 条支路仿真 5 组不同于训练样本故障情况的测试样本，并在概率神经网络故障支路识别模型中对近 O 点测试样本进行测试，可以得到如图 2.41 所示的预测结果。表 2.14 为对应故障情况的预测结果对比。

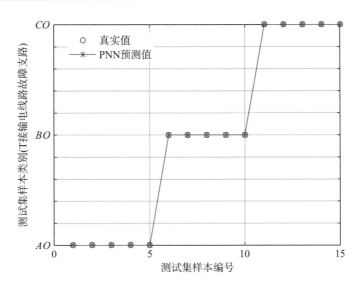

图 2.41　近 O 点故障预测结果对比(PNN，正确率为 100%)

表 2.14　近 O 点故障测试集仿真结果

故障支路	故障与 O 点距离/km	故障类型	故障初始角/(°)	过渡电阻/Ω	识别结果
	8.5	ACG	60	100	AO
	6.5	BG	90	300	AO
AO	5.5	ABC	25	50	AO
	2.5	AC	45	100	AO
	1	ACG	5	200	AO
	8.5	ACG	25	100	BO
	6.5	ABG	100	100	BO
BO	5.5	ABC	25	200	BO
	2.5	AG	60	300	BO
	1	AC	45	200	BO
	8.5	ACG	60	50	CO
	6.5	AC	120	200	CO
CO	5.5	BCG	25	100	CO
	2.5	AG	5	100	CO
	1	ABG	45	200	CO

由图 2.41 和表 2.14 分析可知，测试样本数据在故障支路识别模型测试中结果正确率为 100%，因此所研究算法能准确识别近 O 点故障的具体支路。

2. 数据丢失影响分析

保护装置在实际运行中可能出现数据丢失的情况,为验证算法在采样点数据丢失下的性能,本小节以 TR_2 采集到的电流采样点数据随机丢失为例,选取区内支路 BO 和区外支路 AD 进行仿真分析。

图 2.42 为区内支路 BO 在距离 O 点 120km 处发生 ABG 故障时初始电流行波波头附近数据随机丢失后有功功率分布的相关波形。图 2.43 为区外支路 AD 在距离 O 点 395km 处发生 BG 故障时初始电流行波波头附近数据随机丢失后有功功率分布的相关波形(以数据窗中随机丢失 10 个采样点数据为例)。

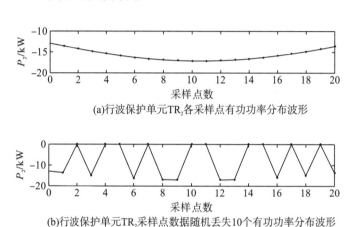

(a)行波保护单元 TR_2 各采样点有功功率分布波形

(b)行波保护单元 TR_2 采样点数据随机丢失10个有功功率分布波形

图 2.42 BO 支路故障时 TR_2 各采样点有功功率分布

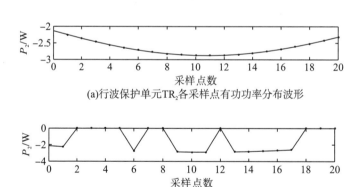

(a)行波保护单元 TR_2 各采样点有功功率分布波形

(b)行波保护单元 TR_2 采样点数据随机丢失10个有功功率分布波形

图 2.43 AD 支路故障时 TR_2 各采样点有功功率分布

在概率神经网络故障支路识别模型中对数据丢失测试样本进行测试,可以得到如图 2.44 所示的预测结果。表 2.15 为对应故障情况的预测结果对比。

由图 2.44 和表 2.15 分析可得,所研究的算法在数据随机丢失一定数量的情况下也能较好地识别输电线路的具体故障支路,因此所研究算法具有一定的抗数据丢失的能力。

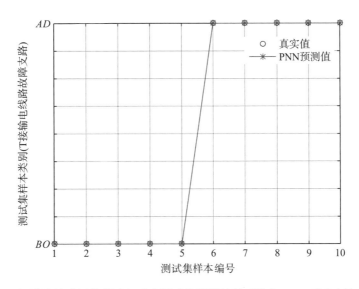

图 2.44　行波波峰附近数据随机丢失测试集预测结果对比（PNN，正确率为 100%）

表 2.15　数据丢失测试集仿真结果

故障支路	数据丢失个数	故障类型	故障初始角/(°)	故障与 O 点距离/km	过渡电阻/Ω	识别结果
	2					BO
	4					BO
BO	6	ABG	60	120	100	BO
	8					BO
	10					BO
	2					AD
	4					AD
AD	6	BG	120	295	200	AD
	8					AD
	10					AD

3. 抗 CT 饱和性能分析

为分析验证本章所研究算法在 CT 饱和情况下的性能，本小节在支路 AO 中出现 CT 饱和的前提下，分别对 T 接输电线路的 6 条区内外支路仿真一组故障，以此来分析算法抗 CT 饱和干扰的能力，在概率神经网络故障支路识别模型中对 CT 饱和测试样本进行测试，可以得到如图 2.45 所示的预测结果。表 2.16 为对应故障情况的预测结果对比。

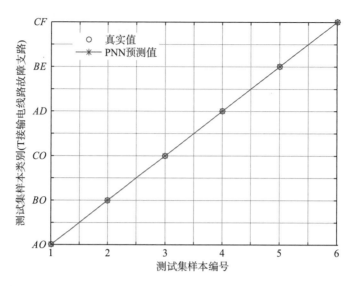

图 2.45　抗 CT 饱和测试集预测结果对比(PNN,正确率为 100%)

表 2.16　CT 饱和时测试集仿真结果

故障支路	故障类型	故障初始角/(°)	故障与 O 点距离/km	过渡电阻/Ω	识别结果
AO	BC	5	180	100	AO
BO	AG	60	90	200	BO
CO	ACG	25	75	50	CO
AD	ABG	45	395	100	AD
BE	BCG	120	265	300	BE
CF	BCG	100	235	200	CF

　　由图 2.45 和表 2.16 分析可知,在 CT 饱和情况下,所研究的算法能准确识别 T 接输电线路的故障支路,因此所研究算法受 CT 饱和的影响较小。

4. 噪声影响分析

　　传统行波保护易受噪声干扰,为验证信号在噪声情况下所研究算法的可靠性,本小节将在 T 接输电线路各行波保护单元 TR_m $(m=1,2,3)$ 测量得到的电压、电流信号中加入不同信噪比的噪声。

　　图 2.46 为 T 接输电线路区内支路 CO 故障行波保护单元 TR_1 测量的电流相关行波波形,图 2.47 为 T 接输电线路区外支路 AD 故障时行波保护单元 TR_1 测量的电流相关行波波形(以行波保护单元 TR_1 测量到的电流行波在信噪比为 30dB 和 S 变换后频率为 20kHz 情况为例)。

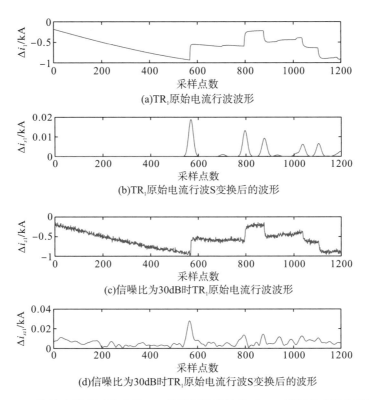

(a)TR₁原始电流行波波形

(b)TR₁原始电流行波S变换后的波形

(c)信噪比为30dB时TR₁原始电流行波波形

(d)信噪比为30dB时TR₁原始电流行波S变换后的波形

图 2.46   T 接输电线路区内支路 CO 故障行波保护单元 TR₁ 测量的电流相关波形

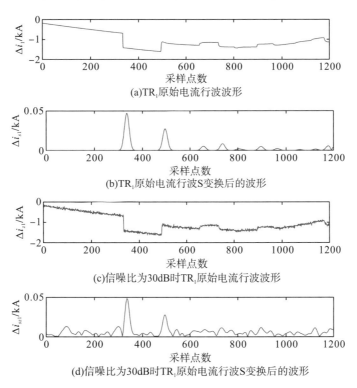

(a)TR₁原始电流行波波形

(b)TR₁原始电流行波S变换后的波形

(c)信噪比为30dB时TR₁原始电流行波波形

(d)信噪比为30dB时TR₁原始电流行波S变换后的波形

图 2.47   T 接输电线路区外支路 AD 故障行波保护单元 TR₁ 测量的电流相关波形

　　分别在 *AO* 支路和 *CF* 支路选取一种不同于训练样本的故障，在电压、电流信号中加入信噪比为 20～60dB 的噪声，仿真得到 10 组 T 接输电线路故障特征向量，在概率神经网络故障支路识别模型中对噪声影响测试样本进行测试，得到如图 2.48 所示的预测结果。表 2.17 为对应故障情况的预测结果对比。由图 2.48 和表 2.17 分析可知，*CF* 支路在信噪比为 20dB 噪声影响下，识别出错，但在信噪比为 30～60dB 噪声影响下，所研究算法均能准确识别故障所在支路，因此所研究的算法具有一定的抗干扰能力。

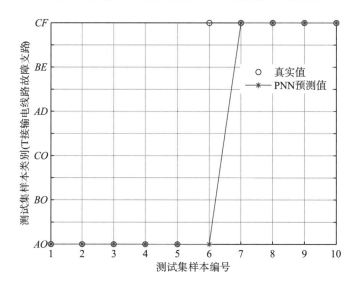

图 2.48　抗噪测试集预测结果对比(PNN，正确率为 90%)

表 2.17　噪声影响测试集仿真结果

故障支路	SNR/dB	故障类型	故障初始角/(°)	故障与 *O* 点距离/km	过渡电阻/Ω	识别结果
	20					*AO*
	30					*AO*
AO	40	ACG	60	160	50	*AO*
	50					*AO*
	60					*AO*
	20					*AO*
	30					*CF*
CF	40	BG	25	230	100	*CF*
	50					*CF*
	60					*CF*

2.4　基于电流故障分量特征的输电线路故障类型识别

　　在准确识别 T 接输电线路故障支路后，为进一步对输电线路故障情况进行诊断，本章以 T 接输电线路 *AO* 支路为例进行仿真实验分析，利用三相电流故障分量能量相对熵、零序电流故障分量能量和共同表征输电线路各故障类型特征,结合随机森林实现对输电线路具体故障类型的识别。

2.4.1　输电线路电流故障分量

1. 电流故障分量

图 2.49 为 500kV T 接输电线路,输电线路由 AO、BO、CO、AD、BE、CF 六条支路组成,保护装置 TR_1 安装在区内支路 AO 近母线 A 处。根据叠加原理,当 AO 支路处发生故障时,故障状态可等效为非故障状态(图 2.50)和附加故障状态(图 2.51)的叠加。

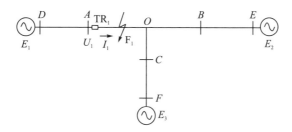

图 2.49　500kV T 接输电线路

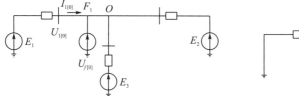

图 2.50　故障前电力系统等效电路

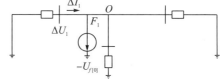

图 2.51　附加故障状态等效电路

在图 2.49 中, U_1、 I_1 分别为故障状态下 A 端保护装置测量到的全电压和全电流。在图 2.50 中, $U_{1[0]}$、 $I_{1[0]}$ 分别为故障前电力系统非故障状态时 A 端的运行电压和运行电流。在图 2.51 中, ΔU_1、 ΔI_1 分别为 A 端的电压和电流故障分量。电流故障分量计算公式为

$$\Delta I_1 = I_1 - I_{1[0]} \tag{2-16}$$

目前,故障分量的提取是利用故障后的采样点值减去故障前的电流采样值,计算公式为

$$\Delta I_{1(k)} = I_{1(k)} - I_{1(k-nN)} \tag{2-17}$$

式中, k 为采样点序列序号; N 为每周期采样点数目; n 为任意整数。

2. 输电线路电流故障分量特征分析

当高压输电线路发生故障时,相应故障相的电流故障分量会发生较为明显的突变,而非故障相的电流故障分量变化不大,根据边界条件可得出以下五种故障特征:

(1)当发生单相接地故障时,故障相电流故障分量突变较为明显。图 2.52 为 AG 故障

时三相电流故障分量波形。

(2) 当发生两相接地故障时，故障相电流故障分量突变较为明显，由于输电线路三相间的耦合影响，非故障相电流故障分量会发生微弱变化。图 2.53 为 ACG 故障时三相电流故障分量波形。

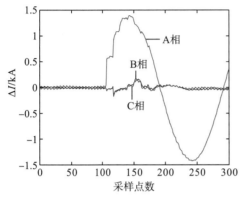

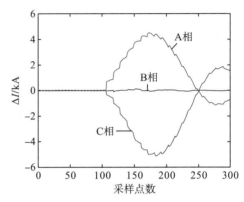

图 2.52   AG 故障时三相电流故障分量波形   图 2.53   ACG 故障时三相电流故障分量波形

(3) 当发生相间短路故障时，发生故障的两相电流故障分量突变大小基本一致，突变方向相反，而未发生故障的相别电流故障分量突变值很小。图 2.54 为 AC 相同短路故障时三相电流故障分量波形。

(4) 当输电线路发生三相短路故障时，各相故障分量的突变量均不同，相互之间存在较大差异。图 2.55 为三相短路故障时三相电流故障分量波形。

(5) 当输电线路的故障为接地故障时，零序电流故障分量会发生较为明显的突变；当输电线路发生的故障为相间短路故障时，零序电流故障分量突变极小，且零序电流故障分量的大小几乎为零。图 2.56 为 BC 相接地故障和 BC 相间短路故障时零序电流故障分量波形对比。

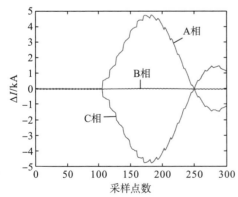

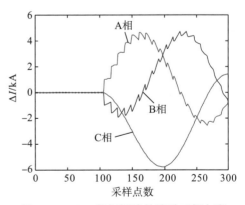

图 2.54   AC 相间短路故障时三相电流   图 2.55   ABC 相间短路故障时三相电流
　　　　　故障分量波形   　　　故障分量波形

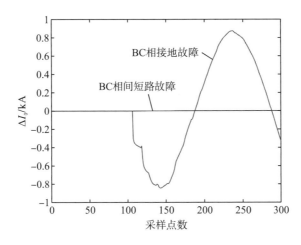

图 2.56 接地故障与相间短路故障时零序电流故障分量波形

由上述分析可知，当输电线路发生故障时，相对于非故障相电流故障分量突变，故障相的电流故障分量突变更为明显，同时输电线路接地故障与相间短路故障的零序电流故障分量存在较大差异。

2.4.2 基于电流故障分量特征的故障诊断

1. 输电线路电流故障分量特征向量

近年来，信息熵理论在电力系统故障诊断中已经得到较为成熟的应用，其中相对熵可对两个随机变量之间的距离进行衡量，因此本节利用三相电流故障分量能量相对熵和零序电流故障分量能量和表征高压输电线路各故障类型特征。

由于零序电流故障分量为 A、B、C 三相电流故障分量之和，令 A、B、C 三相电流故障分量分别表示为 $\Delta i_\alpha (\alpha = \text{a,b,c})$，零序电流故障分量表示为 Δi_0，则 $\Delta i_0 = \Delta i_a + \Delta i_b + \Delta i_c$。本章采用故障后 2ms（20 个采样点数据）时间窗内电流故障分量采样点数据进行相应计算，输电线路电流故障分量特征向量 Z 由多个短时固定采样点数据窗长下分别求取的三相电流故障分量相对熵 Z_1 和零序电流故障分量能量和 Z_2 按特定序列组成，其中 $Z = [Z_1, Z_2]$。

1）基于滑移短时序列的三相电流故障分量相对熵

A、B、C 三相电流故障分量离散时间序列分别为 $X_a(n)$、$X_b(n)$、$X_c(n)$，其中，$n = 1,2,\cdots,20$（n 为 2ms 时间窗下采样点总数），将各相离散时间序列 $X_\alpha(n)$（α=a,b,c）以 15 个采样点为固定数据窗长、1 个采样点为滑移尺度因子截取得到 6 个短时序列 $X_{\alpha m}(i)$（$m = 1,2,\cdots,6$；$i = 1,2,\cdots,15$），分别计算对应短时序列下三相电流故障分量的能量相对熵。此处以第一个短时序列 $X_{\alpha 1}(i)$ 的三相电流故障分量能量相对熵计算为例，具体计算步骤如下：

(1) 设第一个短时序列 $X_{\alpha 1}(i)$ 的总能量为 E_1，即 $E_1 = \sum_\alpha \sum_{i=1}^{15} |X_{\alpha 1}(i)|^2$。

(2) 定义 $P_{\alpha 1}(i)$ 为信号第 i 个采样点能量与信号总能量之比，即 $P_{\alpha 1}(i) = X_{\alpha 1}(i) / E_1$，则

$$\sum_{\alpha}\sum_{i=1}^{15}P_{\alpha 1}(i)=1 \text{。}$$

（3）于是 A、B、C 相电流故障分量能量相对熵分别为 W_{a1}、W_{b1}、W_{c1}，其中 $W_{\alpha 1}$ 定义为

$$W_{\alpha 1}=\left|\sum_{i=1}^{15}P_{\alpha 1}(i)\ln P_{\alpha 1}(i)\right| \tag{2-18}$$

由上述方法求取三相电流故障分量 6 个短时序列 $X_{\alpha m}(i)$（$m=1,2,\cdots,6$；$i=1,2,\cdots,15$）能量相对熵，按特定序列组成能量相对熵特征向量 Z_1，其中 $Z_1=[W_{a1},W_{a2},\cdots,W_{a6},W_{b1},W_{b2},\cdots,W_{b6},W_{c1},W_{c2},\cdots,W_{c6}]_{1\times 18}$。

2）基于滑移短时序列的零序电流故障分量能量和

零序电流故障分量离散时间序列为 $Y_0(n)$，其中 $Y_0(n)=X_1(n)+X_2(n)+X_3(n)$，$n=1,2,\cdots,20$，将离散时间序列 $Y_0(n)$ 以 15 个采样点为固定数据窗长，1 个采样点为滑移尺度因子截取得到 6 个短时序列 $Y_{0m}(i)$（$m=1,2,\cdots,6$；$i=1,2,\cdots,15$），分别计算各短时序列零序电流故障分量的能量和。此处以第一个短时序列 $Y_{01}(i)$ 的零序电流故障分量能量和计算为例，设 W_{01} 为第一个零序电流故障分量短时序列的能量和，则 $W_{01}=\sum_{i=1}^{15}Y_{01}^2(i)$。

由上述方法求取 6 个零序电流故障分量短时序列 $Y_{0m}(i)$（$m=1,2,\cdots,6$；$i=1,2,\cdots,15$）的能量和，按特定序列组成零序电流能量和特征向量 Z_2，其中 $Z_2=[W_{01},W_{02},\cdots,W_{06}]_{1\times 6}$。

2. 故障类型识别流程

故障类型识别所用故障特征向量 Z 由三相电流故障分量能量相对熵特征向量 Z_1 和零序电流故障分量能量和特征向量 Z_2 组成，其中 $Z=[Z_1,Z_2]_{1\times 24}$。本小节主要对线路单相接地故障（AG、BG、CG）、两相相间短路故障（AB、AC、BC）、两相接地故障（ABG、ACG、BCG）以及三相短路故障（ABC）进行识别，故障识别流程如图 2.57 所示。

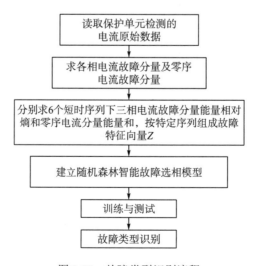

图 2.57　故障类型识别流程

2.4.3　仿真分析

本节利用本章建立的 500kV T 接输电线路仿真模型，在识别 T 接输电线路故障支路的前提下，以区内 AO 支路为例进行仿真分析，进一步识别输电线路具体的故障类型，故障仿真采样频率为 10kHz。

1. 故障类型识别模型的建立与测试

1）训练样本数据

为验证本章所研究算法在故障类型识别中的有效性与可靠性，在不同故障初始角、不同过渡电阻以及不同故障距离 3 种情况下对 10 种故障类型分别仿真 8 组故障，共计得到 240 组故障特征向量，以此组成故障类型识别的训练样本集。训练样本故障情况参数选取表格如表 2.18 所示。

表 2.18　训练样本故障情况参数选择表格

故障情况	参数选取
故障初始角/(°)	0、5、25、45、60、90、100、120、145
过渡电阻/Ω	50、100、150、200、250、300、350、400、450、500
故障距离/km	AO 支路中任意故障位置

2）故障类型识别模型的训练与测试

将故障特征训练样本数据输入随机森林中进行训练，得到一个训练好的随机森林（random forest，RF）故障类型识别模型。再把故障训练样本数据输入训练好的随机森林故障类型识别模型中测试，得到的预测结果如图 2.58 所示。

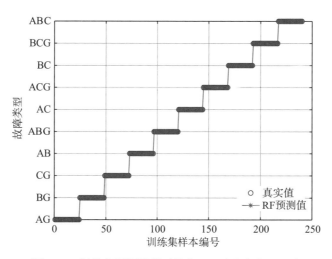

图 2.58　训练集预测结果对比（RF，正确率为 100%）

由图 2.58 分析可知，训练样本的具体故障类型都能在随机森林故障类型识别模型中得到较好的识别，其识别正确率为 100%。

2. 测试样本测试分析

为进一步验证所提算法故障类型识别的可靠性，本小节在不同故障初始角、不同过渡电阻和不同故障距离 3 种情况下对 10 种故障类型分别仿真 4 组不同于训练样本的故障，得到 3 个测试样本集，每个样本集包含 40 组故障特征向量，分别将测试样本集输入随机森林故障类型智能识别模型中进行测试。

1）不同故障初始角仿真分析

将不同故障初始角测试样本输入随机森林故障类型识别模型中测试，得到的预测结果如图 2.59 所示。表 2.19 为其对应故障情况的预测结果。

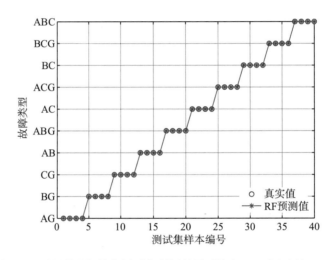

图 2.59 不同故障初始角测试集预测结果对比（RF，正确率为 100%）

表 2.19 不同故障初始角测试集仿真结果

故障类型	故障初始角/(°)	故障与 A 点距离/km	过渡电阻/Ω	识别结果
	5			AG
	60			AG
AG		70	400	
	90			AG
	120			AG
	0			BG
	45			BG
BG		200	300	
	120			BG
	145			BG

续表

故障类型	故障初始角/(°)	故障与 A 点距离/km	过渡电阻/Ω	识别结果
CG	25	130	200	CG
	60			CG
	100			CG
	120			CG
AB	5	260	400	AB
	25			AB
	60			AB
	100			AB
ABG	25	85	100	ABG
	45			ABG
	90			ABG
	120			ABG
AC	5	280	200	AC
	25			AC
	60			AC
	120			AC
ACG	0	50	300	ACG
	45			ACG
	100			ACG
	120			ACG
BC	5	170	500	BC
	45			BC
	60			BC
	120			BC
BCG	5	150	50	BCG
	25			BCG
	60			BCG
	120			BCG
ABC	0	120	100	ABC
	25			ABC
	60			ABC
	120			ABC

　　由图 2.59 和表 2.19 分析可知，所研究算法能准确识别不同故障初始角测试样本的具体故障类型，因此故障初始角基本不会对算法的识别效果造成影响。

　　2）不同过渡电阻仿真分析

　　将不同过渡电阻测试样本输入随机森林故障类型识别模型中进行测试，得到的预测结果如图 2.60 所示。表 2.20 为其对应故障情况的预测结果。

　　由图 2.60 和表 2.20 分析可知，所研究算法能准确识别不同过渡电阻测试样本的具体故障类型，因此过渡电阻基本不会对算法的识别效果造成影响。

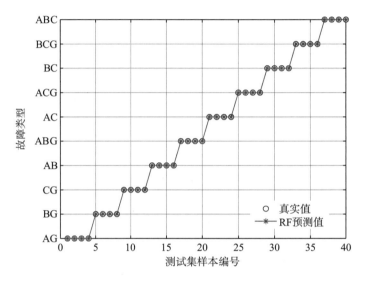

图 2.60　不同过渡电阻测试集预测结果对比(RF，正确率为 100%)

表 2.20　不同过渡电阻测试集仿真结果

故障类型	过渡电阻/Ω	故障与 A 点距离/km	故障初始角/(°)	识别结果
AG	50	120	120	AG
	200			AG
	300			AG
	400			AG
BG	100	160	60	BG
	200			BG
	400			BG
	500			BG
CG	50	40	25	CG
	150			CG
	300			CG
	500			CG

续表

故障类型	过渡电阻/Ω	故障与 A 点距离/km	故障初始角/(°)	识别结果
AB	100	270	100	AB
	200			AB
	300			AB
	400			AB
ABG	50	130	25	ABG
	200			ABG
	300			ABG
	400			ABG
AC	50	170	45	AC
	200			AC
	300			AC
	400			AC
ACG	50	110	90	ACG
	100			ACG
	200			ACG
	300			ACG
BC	50	260	45	BC
	100			BC
	300			BC
	400			BC
BCG	100	150	60	BCG
	200			BCG
	400			BCG
	500			BCG
ABC	100	80	45	ABC
	250			ABC
	350			ABC
	450			ABC

3) 不同故障距离仿真分析

将不同故障距离测试样本输入随机森林故障类型识别模型中测试，得到的预测结果如图 2.61 所示。表 2.21 为其对应故障情况的预测结果。

由图 2.61 和表 2.21 分析可知，所研究算法能准确识别不同故障距离测试样本的具体故障类型，因此故障距离基本不会对算法的识别效果造成影响。

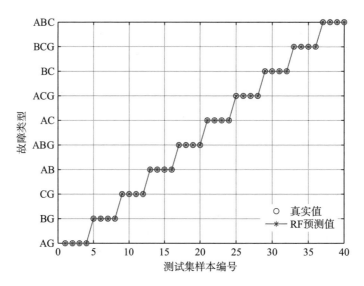

图 2.61　不同故障距离测试集预测结果对比(RF，正确率为 100%)

表 2.21　不同故障距离测试集仿真结果

故障类型	故障与 A 点距离/km	过渡电阻/Ω	故障初始角/(°)	识别结果
AG	30	200	45	AG
	90			AG
	150			AG
	240			AG
BG	50	500	5	BG
	120			BG
	190			BG
	260			BG
CG	20	100	120	CG
	180			CG
	210			CG
	270			CG
AB	25	200	45	AB
	95			AB
	170			AB
	130			AB
ABG	10	50	5	ABG
	150			ABG
	220			ABG
	260			ABG
AC	40	400	90	AC
	85			AC
	120			AC
	200			AC

续表

故障类型	故障与 A 点距离/km	过渡电阻/Ω	故障初始角/(°)	识别结果
ACG	45	100	120	ACG
	140			ACG
	220			ACG
	260			ACG
BC	70	400	25	BC
	180			BC
	230			BC
	270			BC
BCG	60	300	45	BCG
	140			BCG
	170			BCG
	250			BCG
ABC	75	200	60	ABC
	130			ABC
	180			ABC
	220			ABC

2.4.4　算法性能分析

1. 数据丢失影响分析

保护装置在实际运行过程中可能会出现数据丢失的情况，为验证算法在数据丢失影响下的性能，在 10 种故障类型下仿真一组不同于训练样本故障情况的故障，分别以电流采样点数据随机丢失 1、2、3、4 个进行仿真，得到数据丢失 40 组测试样本向量，图 2.62 为 AG 故障下测量单元测得的采样点数据随机丢失 4 个时 A、B、C 相电流故障分量分布的相关波形。

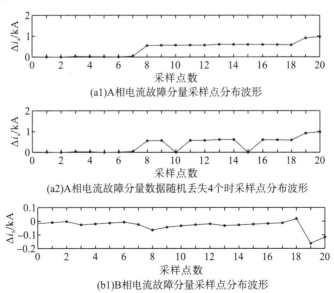

(a1)A相电流故障分量采样点分布波形

(a2)A相电流故障分量数据随机丢失4个时采样点分布波形

(b1)B相电流故障分量采样点分布波形

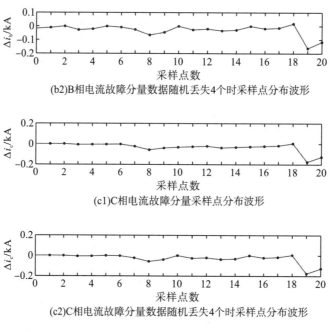

(b2)B相电流故障分量数据随机丢失4个时采样点分布波形

(c1)C相电流故障分量采样点分布波形

(c2)C相电流故障分量数据随机丢失4个时采样点分布波形

图 2.62　AG 故障下各相电流故障分量采样点数据分布图

将数据丢失测试样本输入随机森林故障类型识别模型中，得到的预测结果如图 2.63 所示。表 2.22 为其对应故障情况的预测结果对比。

由图 2.63 和表 2.22 分析可知，所研究算法能准确识别在不同故障类型下随机丢失 1、2、3、4 个采样点数据的测试样本的具体故障类型，因此所研究算法具有一定的抗数据丢失能力。

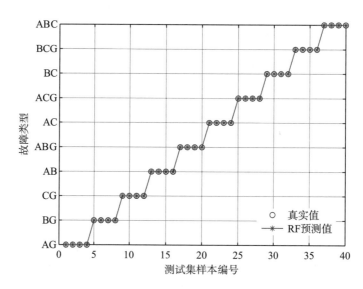

图 2.63　数据丢失测试集预测结果对比(RF，正确率为 100%)

表 2.22　采样点数据随机丢失测试样本集仿真结果

故障类型	数据随机丢失个数	故障与 A 点距离/km	过渡电阻/Ω	故障初始角/(°)	识别结果
AG	1	120	100	60	AG
	2				AG
	3				AG
	4				AG
BG	1	150	300	60	BG
	2				BG
	3				BG
	4				BG
CG	1	230	200	90	CG
	2				CG
	3				CG
	4				CG
AB	1	80	50	100	AB
	2				AB
	3				AB
	4				AB
ABG	1	100	400	25	ABG
	2				ABG
	3				ABG
	4				ABG
AC	1	210	400	45	AC
	2				AC
	3				AC
	4				AC
ACG	1	60	200	120	ACG
	2				ACG
	3				ACG
	4				ACG
BC	1	30	300	25	BC
	2				BC
	3				BC
	4				BC
BCG	1	260	500	5	BCG
	2				BCG
	3				BCG
	4				BCG
ABC	1	160	200	60	ABC
	2				ABC
	3				ABC
	4				ABC

2. 噪声影响分析

为分析在噪声影响下算法的可靠性，分别在 10 种故障类型下仿真一组不同于训练样本的故障，并分别在信号中加入信噪比为 40～70dB 的噪声，得到 40 组噪声影响测试样本故障特征向量，图 2.64 为 BG 故障下测量单元测量的 A、B、C 相电流故障分量在信噪比为 40dB 时的相关波形。

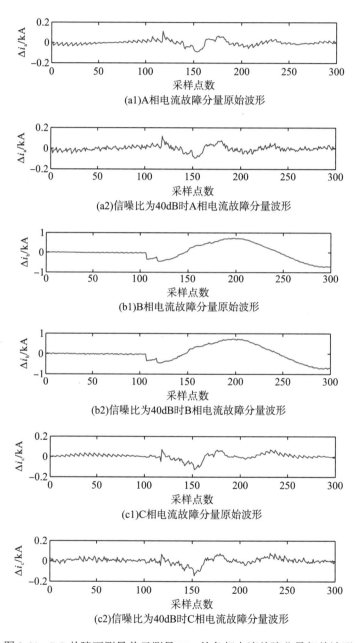

(a1)A相电流故障分量原始波形

(a2)信噪比为40dB时A相电流故障分量波形

(b1)B相电流故障分量原始波形

(b2)信噪比为40dB时B相电流故障分量波形

(c1)C相电流故障分量原始波形

(c2)信噪比为40dB时C相电流故障分量波形

图 2.64　BG 故障下测量单元测量 TR_1 的各相电流故障分量相关波形

　　将噪声影响下的测试样本数据输入随机森林故障识别模型中进行测试，得到的预测结果如图 2.65 所示。表 2.23 为其对应故障情况的预测结果对比。

　　由图 2.65 和表 2.23 分析可知，本章所研究算法在信噪比为 20～30dB 影响下不能完全识别，但算法在信噪比为 40～70dB 噪声影响下能准确识别测试样本的具体故障类型，因此该算法具有一定的抗噪能力。

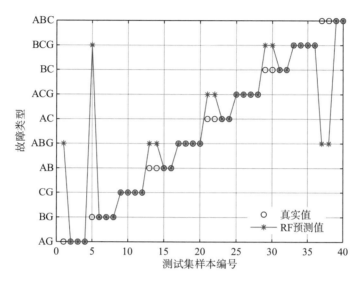

图 2.65　噪声影响测试集预测结果对比(RF，正确率为 75%)

表 2.23　噪声影响测试集仿真结果

故障类型	SNR/dB	故障与 A 点距离/km	过渡电阻/Ω	故障初始角/(°)	识别结果
AG	20	70	400	25	ABG
	30				AG
	40				AG
	50				AG
BG	20	110	300	45	BCG
	30				BG
	40				BG
	60				BG
CG	20	170	200	120	CG
	30				CG
	40				CG
	50				CG
AB	20	230	400	100	ABG
	30				ABG
	40				AB
	70				AB

故障类型	SNR/dB	故障与 A 点距离/km	过渡电阻/Ω	故障初始角/(°)	识别结果
ABG	40	85	100	90	ABG
	50				ABG
	60				ABG
	70				ABG
AC	20	260	200	5	ACG
	30				ACG
	40				AC
	60				AC
ACG	40	50	200	45	ACG
	50				ACG
	60				ACG
	70				ACG
BC	20	110	300	5	BCG
	30				BCG
	40				BC
	60				BC
BCG	40	210	50	25	BCG
	50				BCG
	60				BCG
	70				BCG
ABC	20	120	100	60	ABG
	30				ABG
	40				ABC
	50				ABC

2.5 基于电流复合特征的输电线路故障类型识别

在准确识别 T 接输电线路故障支路后，为进一步诊断输电线路故障情况，本节以区内 BO 支路为例进行仿真实验分析，利用三相电流故障分量类克拉克相模变换后两两模量电流之间的欧几里得距离、余弦相似度以及 Pearson 相关系数表征输电线路各故障类型特征，结合支持向量机实现输电线路具体故障类型的识别。

2.5.1 输电线路故障暂态电流特征分析

图 2.66 为 500kV T 接输电线路，输电线路由 AO、BO、CO、AD、BE、CF 六条支路组成，保护装置 TR_2 安装在区内支路 BO 近母线 B 处。

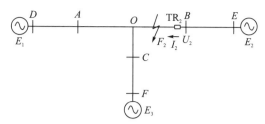

图 2.66　500kV T 接输电线路

1. 类克拉克相模变换

本小节引入克拉克相模变换中的 α 模分量[38]，分别以 A、B、C 相电流为基准建立 3 个 α 模分量，具体的相模变换矩阵为

$$\begin{bmatrix} I_0 \\ I_{\alpha 1} \\ I_{\alpha 2} \\ I_{\alpha 3} \end{bmatrix} = \begin{bmatrix} 1 & 2 & -1 & -1 \\ 1 & -1 & 2 & -1 \\ 1 & -1 & -1 & 2 \end{bmatrix}^{\mathrm{T}} \begin{bmatrix} I_A \\ I_B \\ I_C \end{bmatrix} \tag{2-19}$$

式中，I_A、I_B、I_C 为三相电流；I_0、$I_{\alpha 1}$、$I_{\alpha 2}$、$I_{\alpha 3}$ 为模量电流。

2. 不同故障类型下电流模量特征

1）单相接地故障

当输电线路发生单相接地故障时，故障相电流发生较为明显的突变，非故障相电流突变较小且产生的耦合电流基本相同。此处以 A 相接地故障为例进行分析，A 相电流为 I_A，B、C 相电流分别为 I_B、I_C，满足 $I_B = I_C$。此时相模变换后各模量电流为 $I_0 = I_A + 2I_B$，$I_{\alpha 1} = 2I_A - 2I_B$，$I_{\alpha 2} = -I_A + I_B$，$I_{\alpha 3} = -I_A + I_B$。图 2.67 为 A 相接地故障时各模量电流波形。

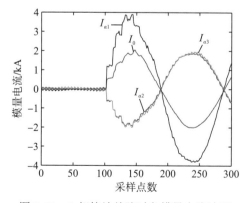

图 2.67　A 相接地故障时各模量电流波形

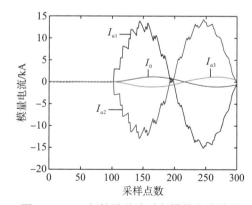

图 2.68　AB 相接地故障时各模量电流波形

2）两相接地故障

当输电线路发生两相接地故障时，故障相电流突变较为明显，由于输电线路三相间的耦合影响，非故障相电流会发生微弱变化。此处以 AB 相接地故障为例进行分析，A、B、

C 相电流分别为 I_A、I_B、I_C。此时相模变换后的模量电流为 $I_0 = I_A + I_B + I_C$，$I_{\alpha 1} = 2I_A - I_B - I_C$，$I_{\alpha 2} = -I_A + 2I_B - I_C$，$I_{\alpha 3} = -I_A - I_B + 2I_C$。图 2.68 为 AB 相接地故障时各模量电流波形。

3）两相相间故障

当输电线路发生两相相间故障时，三相电流之和为零，发生故障的两相电流突变大小相同，方向相反；非故障相电流突变很小。此处以 AB 相间短路故障为例，A、B 相电流分别为 I_A 和 I_B，满足 $I_B = -I_A$，A 相电流为 I_A，此时相模变换后各模量电流为 $I_0 \approx 0$，$I_{\alpha 1} = 3I_A - I_C$，$I_{\alpha 2} = 3I_B - I_C$，$I_{\alpha 3} = 2I_C$。图 2.69 为 AB 相间短路故障时各模量电流波形。

4）三相相间故障

当输电线路发生三相相间故障时，三相电流之和为零，三相电流突变量均不相同，相互之间存在较大差异。A、B、C 三相电流分别为 I_A、I_B、I_C，此时相模变换后各模量电流为 $I_0 = 0$，$I_{\alpha 1} = 2I_A - I_B - I_C$，$I_{\alpha 2} = -I_A + 2I_B - I_C$，$I_{\alpha 3} = -I_A - I_B + 2I_C$。图 2.70 为 ABC 相间故障时各模量电流波形。

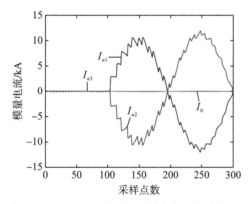 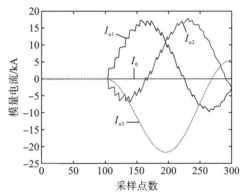

图 2.69　AB 相间短路故障时各模量电流波形　　　图 2.70　ABC 相间故障时各模量电流波形

输电线路各类故障类型的克拉克电流相模变换后各模量电流如表 2.24 所示。

表 2.24　不同故障类型的模量电流

故障类型	I_0	$I_{\alpha 1}$	$I_{\alpha 2}$	$I_{\alpha 3}$
AG	$I_0 = I_A + 2I_B$	$I_{\alpha 1} = 2I_A - 2I_B$	$I_{\alpha 2} = -I_A + I_B$	$I_{\alpha 3} = -I_A + I_B$
BG	$I_0 = I_B + 2I_C$	$I_{\alpha 1} = I_C - I_B$	$I_{\alpha 2} = 2I_B - 2I_C$	$I_{\alpha 3} = I_C - I_B$
CG	$I_0 = I_C + 2I_A$	$I_{\alpha 1} = I_A - I_C$	$I_{\alpha 2} = I_A - I_C$	$I_{\alpha 3} = 2I_C - 2I_A$
AB	$I_0 \approx 0$	$I_{\alpha 1} = 3I_A - I_C$	$I_{\alpha 2} = 3I_B - I_C$	$I_{\alpha 3} = 2I_C$
ABG	$I_0 = I_A + I_B + I_C$	$I_{\alpha 1} = 2I_A - I_B - I_C$	$I_{\alpha 2} = -I_A + 2I_B - I_C$	$I_{\alpha 3} = -I_A - I_B + 2I_C$
AC	$I_0 \approx 0$	$I_{\alpha 1} = 3I_A - I_B$	$I_{\alpha 2} = 2I_B$	$I_{\alpha 3} = 3I_C - I_B$

故障类型	I_0	$I_{\alpha1}$	$I_{\alpha2}$	$I_{\alpha3}$
ACG	$I_0 = I_A + I_B + I_C$	$I_{\alpha1} = 2I_A - I_B - I_C$	$I_{\alpha2} = -I_A + 2I_B - I_C$	$I_{\alpha3} = -I_A - I_B + 2I_C$
BC	$I_0 \approx 0$	$I_{\alpha1} = 2I_A$	$I_{\alpha2} = 3I_B - I_A$	$I_{\alpha3} = 3I_C - I_A$
BCG	$I_0 = I_A + I_B + I_C$	$I_{\alpha1} = 2I_A - I_B - I_C$	$I_{\alpha2} = -I_A + 2I_B - I_C$	$I_{\alpha3} = -I_A - I_B + 2I_C$
ABC	$I_0 = 0$	$I_{\alpha1} = 2I_A - I_B - I_C$	$I_{\alpha2} = -I_A + 2I_B - I_C$	$I_{\alpha3} = -I_A - I_B + 2I_C$

由表 2.24 可知，当输电线路发生不同故障类型故障时，各模量电流之间存在一定的相似性与差异性，因此可利用相应数学方法对各模量电流进行表征。

2.5.2　基于电流复合特征的故障诊断

本节采用故障后 2ms（20 个采样点数据）时间窗内电流采样点数据进行相应处理，首先利用克拉克相模变换获取模量电流 I_0、$I_{\alpha1}$、$I_{\alpha2}$、$I_{\alpha3}$，再分别计算两两模量电流之间的欧几里得距离、余弦相似度以及 Pearson 相关系数，然后将计算结果按特定序列组成欧几里得特征向量 D、余弦相似度特征向量 R、Pearson 相关系数特征向量 P，最后将各特征向量组成可表征输电线路故障类型的电流复合特征向量 $H = [D, R, P]$。

1. 欧几里得距离

欧几里得距离在数学中是对欧几里得所研究的二维和三维空间的一般化[123,124]。经相模变换后得到的模量电流 I_0、$I_{\alpha1}$、$I_{\alpha2}$、$I_{\alpha3}$ 均是二维图形，可通过计算两两模量电流的欧几里得距离反映模量电流之间的相关性。设 x_i 和 y_i 分别为信号 x 和信号 y 二维度量空间上的连续点，其中 $i = 1, 2, \cdots, n$，则信号 x 和信号 y 的欧几里得距离定义如下：

$$d(x, y) = \sqrt{\sum_{i=1}^{n}(x_i - y_i)^2} \tag{2-20}$$

式中，x_i 和 y_i 分别为信号 x 和 y 的第 i 个采样点数据；n 为总采样点数。

由上述方法分别计算模量电流 $I_{\alpha1} \sim I_0$、$I_{\alpha1} \sim I_{\alpha2}$、$I_{\alpha1} \sim I_{\alpha3}$、$I_{\alpha2} \sim I_{\alpha3}$、$I_{\alpha2} \sim I_0$、$I_{\alpha3} \sim I_0$ 的欧几里得距离，并将计算结果按特定序列组成欧几里得特征向量 D，其中 $D = [d_{10}, d_{12}, d_{13}, d_{23}, d_{10}, d_{30}]_{1 \times 6}$。

2. 余弦相似度

余弦相似度相较于距离的度量方法，更侧重于比较方向上的不同，它通过向量之间的夹角余弦值来描述差异大小。设 x_i 和 y_i 分别为信号 x 和信号 y 二维度量空间上的连续点，其中 $i = 1, 2, \cdots, n$，则信号 x 和信号 y 的余弦相似度定义如下：

$$\gamma = \frac{\sum_{i=1}^{n} x_i y_i}{\sqrt{\sum_{i=1}^{n} x_i^2} \sqrt{\sum_{i=1}^{n} y_i^2}} \tag{2-21}$$

式中，x_i 和 y_i 分别为信号 x 和 y 的第 i 个采样点数据；n 为总采样点数。

由上述方法分别计算模量电流 $I_{\alpha 1} \sim I_0$、$I_{\alpha 1} \sim I_{\alpha 2}$、$I_{\alpha 1} \sim I_{\alpha 3}$、$I_{\alpha 2} \sim I_{\alpha 3}$、$I_{\alpha 2} \sim I_0$、$I_{\alpha 3} \sim I_0$ 的余弦相似度，并按特定序列将其组成余弦相似度特征向量 R，其中 $R = [\gamma_{10}, \gamma_{12}, \gamma_{13}, \gamma_{23}, \gamma_{10}, \gamma_{30}]_{1 \times 6}$。

3. Pearson 相关系数

Pearson 相关系数常被用于描述两变量之间的线性相关性，设 x_i 和 y_i 分别为信号 x 和信号 y 二维度量空间上的连续点，其中 $i = 1, 2, \cdots, n$，则信号 x 和信号 y 的 Pearson 相关系数定义如下：

$$\rho(x, y) = \frac{\sum_{i=1}^{n}(x_i - \bar{x})(y_i - \bar{y})}{\sqrt{\sum_{i=1}^{n}(x_i - \bar{x})^2}\sqrt{\sum_{i=1}^{n}(y_i - \bar{y})^2}} \tag{2-22}$$

$$\bar{x} = \sum_{i=1}^{n} x_i \Big/ n \tag{2-23}$$

$$\bar{y} = \sum_{i=1}^{n} y_i \Big/ n \tag{2-24}$$

式中，ρ 为相关系数；x_i 和 y_i 分别为信号 x 和信号 y 的第 i 个采样点数据；$\bar{x}$ 和 $\bar{y}$ 分别为信号 x 和信号 y 的均值；n 为总采样点数。

由上述方法分别计算模量电流 $I_{\alpha 1} \sim I_0$、$I_{\alpha 1} \sim I_{\alpha 2}$、$I_{\alpha 1} \sim I_{\alpha 3}$、$I_{\alpha 2} \sim I_{\alpha 3}$、$I_{\alpha 2} \sim I_0$、$I_{\alpha 3} \sim I_0$ 的 Pearson 相关系数，并按特定序列将其组成 Pearson 相关系数特征向量 P，其中 $P = [\rho_{10}, \rho_{12}, \rho_{13}, \rho_{23}, \rho_{10}, \rho_{30}]_{1 \times 6}$。

2.5.3 故障类型识别流程

故障类型识别所用故障特征向量 H 由欧几里得特征向量 D、余弦相似度特征向量 R 以及 Pearson 相关系数特征向量 P 组成，其中 $H = [D, R, P]_{1 \times 18}$。本节主要对线路单相接地故障（AG、BG、CG）、两相相间短路故障（AB、AC、BC）、两相接地故障（ABG、ACG、BCG）以及三相短路故障（ABC）进行识别，本章故障类型识别流程如图 2.71 所示。

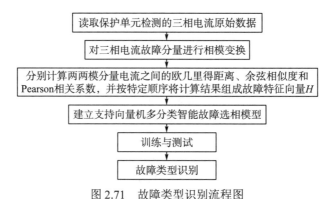

图 2.71　故障类型识别流程图

2.5.4　仿真分析

本节利用本章建立的 500kV T 接输电线路仿真模型，在识别 T 接输电线路故障支路的前提下，以区内 *BO* 支路为例进行仿真分析，进一步识别输电线路具体的故障类型，故障仿真采样频率为 10kHz。

1. 故障类型识别模型的建立与测试

1）训练样本数据

为验证本章所研究算法的有效性与可靠性，本小节在不同故障初始角、不同过渡电阻以及不同故障距离 3 种情况下对 10 种故障类型分别仿真 9 组故障，共计得到 270 组故障特征向量，以此组成高压输电线路故障类型识别的训练样本集。训练样本集故障情况参数选取如表 2.25 所示。

表 2.25　训练样本故障情况参数选取

故障情况	参数选取
故障初始角/(°)	0、5、25、45、60、90、100、120、145
过渡电阻/Ω	50、100、150、200、250、300、350、400、450、500
故障距离/km	随机选取 *BO* 支路中以 *B* 为起始点且步长为 10 的位置点

2）支持向量机故障类型智能识别模型的建立与测试

将训练样本数据输入支持向量机中进行训练，得到一个训练好的支持向量机 T 接输电线路故障支路识别模型，再将训练样本数据输入训练好的模型中进行测试，得到预测结果对比如图 2.72 所示。

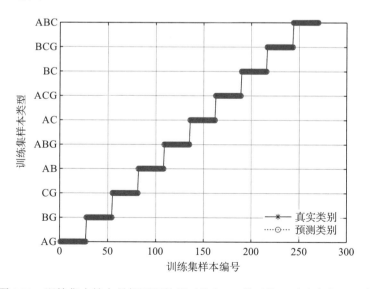

图 2.72　训练集支持向量机预测结果对比（RBF 核函数，正确率为 100%）

由图 2.72 分析可知，训练样本集故障类型在支持向量机故障类型识别模型中能被准确识别，其识别正确率为 100%。

2. 测试样本测试分析

为进一步验证所提算法故障类型识别的可靠性，本小节针对 10 种不同故障类型分别在不同故障初始角、不同过渡电阻以及不同故障距离 3 类故障情况下仿真 4 组不同于训练样本的故障，得到 3 类故障测试样本集，其中每个测试集包含 40 组故障特征向量，分别将 3 个测试样本集输入支持向量机故障类型识别模型中进行测试。

1) 不同故障初始角测试

将不同故障初始角测试样本集输入支持向量机故障类型识别模型中进行测试，得到的预测结果如图 2.73 所示。表 2.26 为其对应故障情况的预测结果。

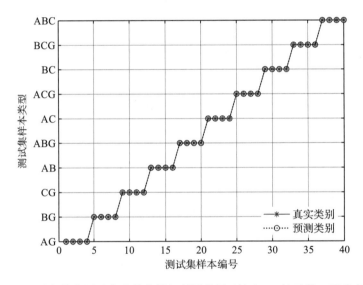

图 2.73　不同故障初始角测试集支持向量机预测结果对比（RBF 核函数，正确率为 100%）

表 2.26　不同故障初始角测试集仿真结果

故障类型	故障初始角/(°)	故障与 B 点距离/km	过渡电阻/Ω	识别结果
	5			AG
AG	60	140	200	AG
	90			AG
	120			AG
	0			BG
BG	25	70	450	BG
	100			BG
	120			BG
CG	25	110	100	CG
	60			CG

续表

故障类型	故障初始角/(°)	故障与 B 点距离/km	过渡电阻/Ω	识别结果
CG	90	110	100	CG
	145			CG
AB	5	90	150	AB
	45			AB
	60			AB
	120			AB
ABG	45	50	250	ABG
	60			ABG
	120			ABG
	145			ABG
AC	0	40	300	AC
	60			AC
	90			AC
	120			AC
ACG	25	160	400	ACG
	60			ACG
	100			ACG
	120			ACG
BC	60	100	500	BC
	90			BC
	100			BC
	120			BC
BCG	25	30	50	BCG
	45			BCG
	60			BCG
	120			BCG
ABC	25	130	300	ABC
	60			ABC
	90			ABC
	120			ABC

由图 2.73 和表 2.26 分析可知，所研究算法能准确识别不同故障初始角工况下的输电线路故障类型。

2) 不同过渡电阻测试

将不同过渡电阻测试集输入支持向量机故障类型识别模型中进行测试，得到的预测结果如图 2.74 所示，其对应故障情况的预测结果如表 2.27 所示。

由图 2.74 和表 2.27 分析可知，所研究算法能准确识别不同过渡电阻测试样本的具体故障类型。

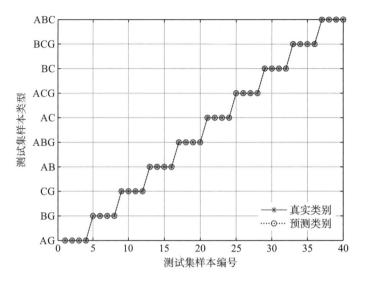

图 2.74　不同过渡电阻测试集支持向量机预测结果对比（RBF 核函数，正确率为 100%）

表 2.27　不同过渡电阻测试集仿真结果

故障类型	过渡电阻/Ω	故障与 B 点距离/km	故障初始角/(°)	识别结果
AG	50	70	5	AG
	200			AG
	300			AG
	400			AG
BG	100	120	60	BG
	200			BG
	300			BG
	400			BG
CG	150	50	45	CG
	250			CG
	350			CG
	500			CG
AB	150	60	100	AB
	250			AB
	350			AB
	450			AB
ABG	250	130	120	ABG
	300			ABG
	350			ABG
	400			ABG
AC	50	90	45	AC
	150			AC
	300			AC
	500			AC

续表

故障类型	过渡电阻/Ω	故障与 B 点距离/km	故障初始角/(°)	识别结果
ACG	100	160	5	ACG
	200			ACG
	400			ACG
	500			ACG
BC	50	40	25	BC
	150			BC
	350			BC
	450			BC
BCG	100	30	90	BCG
	150			BCG
	300			BCG
	450			BCG
ABC	100	120	25	ABC
	200			ABC
	300			ABC
	500			ABC

3) 不同故障距离测试

将不同故障距离测试集输入支持向量机故障类型识别模型中进行测试，预测结果如图 2.75 所示。表 2.28 为其对应故障情况的预测结果对比。

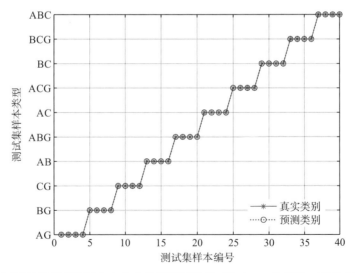

图 2.75　不同故障距离测试集支持向量机预测结果对比(RBF 核函数，正确率为 100%)

由图 2.75 和表 2.28 可知，所研究算法能准确识别不同故障距离测试样本的具体故障类型，该算法能准确识别不同故障距离时线路的故障类型。

表 2.28 不同故障距离测试集仿真结果

故障类型	故障与 B 点距离/km	过渡电阻/Ω	故障初始角/(°)	识别结果
AG	30	300	60	AG
	90			AG
	130			AG
	150			AG
BG	25	350	45	BG
	75			BG
	125			BG
	165			BG
CG	15	200	120	CG
	55			CG
	130			CG
	180			CG
AB	30	400	90	AB
	80			AB
	140			AB
	175			AB
ABG	70	100	5	ABG
	85			ABG
	135			ABG
	190			ABG
AC	20	300	100	AC
	95			AC
	115			AC
	150			AC
ACG	45	500	500	ACG
	90			ACG
	135			ACG
	180			ACG
BC	30	200	200	BC
	60			BC
	100			BC
	160			BC
BCG	40	350	350	BCG
	70			BCG
	120			BCG
	150			BCG

故障类型	故障与 B 点距离/km	过渡电阻/Ω	故障初始角/(°)	识别结果
ABC	30	100	100	ABC
	50			ABC
	130			ABC
	160			ABC

2.5.5　算法性能分析

1. 数据丢失影响分析

保护装置在实际运行过程中可能会出现数据丢失的情况，为分析所研究算法在采样点数据丢失时的性能，分别在 10 种故障类型下仿真一组不同于训练样本的故障，分别以保护单元电流数据随机丢失 2、4、6、8 个为例进行仿真分析，得到 40 组数据丢失测试样本向量。图 2.76 为 BC 相间故障下保护单元 TR_2 测得的采样点数据随机丢失 8 个时各模量电流分布相关波形。

将仿真得到的数据丢失测试样本集输入支持向量机故障类型识别模型中，得到的预测结果如图 2.77 所示。表 2.29 为其对应故障情况的预测结果。

由图 2.76 和表 2.29 分析可知，所研究算法能准确识别在不同故障类型下随机丢失 2、4、6、8 个采样点数据的测试样本的具体故障类型，因此所研究算法具有一定的抗数据丢失能力。

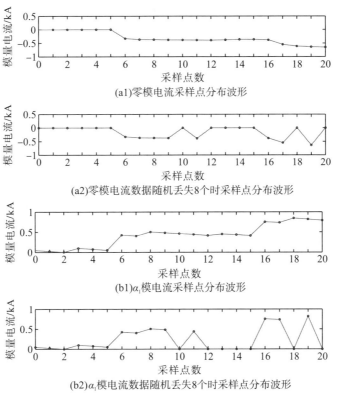

(a1)零模电流采样点分布波形

(a2)零模电流数据随机丢失8个时采样点分布波形

(b1)α_1模电流采样点分布波形

(b2)α_1模电流数据随机丢失8个时采样点分布波形

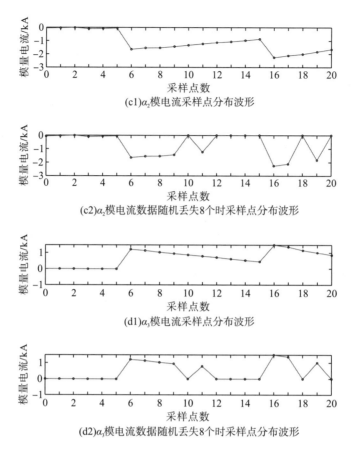

(c1)α_2模电流采样点分布波形

(c2)α_2模电流数据随机丢失8个时采样点分布波形

(d1)α_3模电流采样点分布波形

(d2)α_3模电流数据随机丢失8个时采样点分布波形

图 2.76 BC 相间故障下各相电流故障分量采样点数据分布图

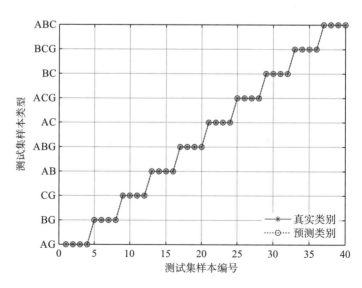

图 2.77 数据丢失测试集支持向量机预测结果对比(RBF 核函数，正确率为 100%)

表 2.29　采样点数据随机丢失测试样本集仿真结果

故障类型	数据随机丢失个数	故障与 B 点距离/km	过渡电阻/Ω	故障初始角/(°)	识别结果
AG	2	110	300	25	AG
	4				AG
	6				AG
	8				AG
BG	2	120	400	60	BG
	4				BG
	6				BG
	8				BG
CG	2	90	200	145	CG
	4				CG
	6				CG
	8				CG
AB	2	60	200	5	AB
	4				AB
	6				AB
	8				AB
ABG	2	135	250	120	ABG
	4				ABG
	6				ABG
	8				ABG
AC	2	70	100	45	AC
	4				AC
	6				AC
	8				AC
ACG	2	100	200	90	ACG
	4				ACG
	6				ACG
	8				ACG
BC	2	80	300	45	BC
	4				BC
	6				BC
	8				BC
BCG	2	50	300	25	BCG
	4				BCG
	6				BCG
	8				BCG
ABC	2	150	150	60	ABC
	4				ABC
	6				ABC
	8				ABC

2. 噪声影响分析

为分析本章所研究算法在噪声影响下的可靠性，分别在 10 种故障类型下仿真一组不同于训练样本的故障，并分别在信号中加入信噪比为 20～70dB 的噪声，得到 40 组故障特征向量。图 2.78 为 BCG 故障下保护单元 TR_2 测量的 A、B、C 三相电流在信噪比为 40dB 时的相关波形。

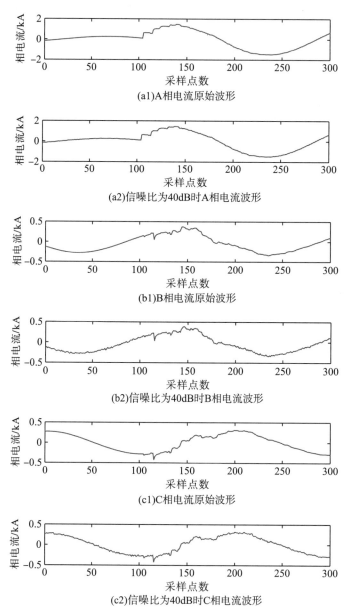

(a1)A相电流原始波形

(a2)信噪比为40dB时A相电流波形

(b1)B相电流原始波形

(b2)信噪比为40dB时B相电流波形

(c1)C相电流原始波形

(c2)信噪比为40dB时C相电流波形

图 2.78 BCG 故障时测量单元测量 TR_2 的各相电流相关波形

将噪声影响下的测试样本数据输入支持向量机故障类型识别模型中进行测试，得到的预测结果如图 2.79 所示。表 2.30 为其对应故障情况的预测结果。

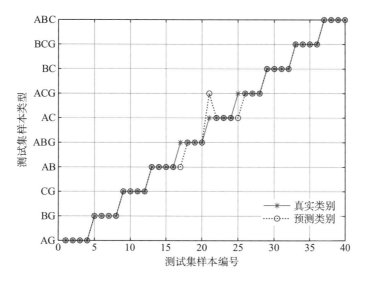

图 2.79　噪声影响测试集支持向量机预测结果对比(RBF 核函数，正确率为 92.5%)

表 2.30　噪声影响测试集仿真结果

故障类型	信噪比/dB	故障与 B 点距离/km	过渡电阻/Ω	故障初始角/(°)	识别结果
AG	20	90	250	60	AG
	30				AG
	40				AG
	50				AG
BG	20	80	350	120	BG
	30				BG
	50				BG
	60				BG
CG	20	110	400	90	CG
	30				CG
	60				CG
	70				CG
AB	20	120	350	45	AB
	30				AB
	40				AB
	70				AB
ABG	20	60	150	45	AB
	30				ABG
	40				ABG
	50				ABG
AC	20	160	100	25	ACG
	30				AC
	40				AC
	70				AC

续表

故障类型	信噪比/dB	故障与 B 点距离/km	过渡电阻/Ω	故障初始角/(°)	识别结果
ACG	20	140	200	120	AC
	30				ACG
	60				ACG
	70				ACG
BC	20	90	300	5	BC
	30				BC
	60				BC
	70				BC
BCG	20	100	250	100	BCG
	30				BCG
	40				BCG
	50				BCG
ABC	20	40	200	5	ABC
	30				ABC
	50				ABC
	60				ABC

由图 2.79 和表 2.30 分析可知，本章所研究算法在信噪比为 20dB 噪声影响下不能完全识别故障，但在 30～70dB 噪声影响下能准确识别输电线路具体故障类型，因此该算法具有一定的抗噪能力。

第3章 高压同杆双回线路故障识别
及其选相算法研究

3.1 引 言

随着社会的蓬勃发展,电能在各个行业中的使用愈加多样,也加大了对电能的需求量。输电走廊的架设使得大量的土地资源被占用,导致电能需求和土地资源之间的矛盾日益严重[125]。

3.1.1 研究背景及意义

从近些年来的电网发展规划来看,建成远距离、大容量的(超)特高压电网已成为必然。而土地资源占用问题使得同杆双回、多回线路在其中拥有强大的优势[126]。与传统单塔单回线架设不同的是,同杆双回线路将两回线架设在同一杆塔之上,提高了输电容量和可靠系数,减小了输电走廊的占用面积,减少了土地资源的占用,既加快了线路工程完成进度,又降低了线路的建设成本,为此同杆双回线路在世界范围内都得到极大应用[127]。同时在长距离输电方式中,同杆双回线路输电也极具性价比。许多年前,一些国家就开始了探索同杆双回线路输电。日本土地资源稀缺,其大部分500kV线路都采用同杆双回架设方式。利智国土形状狭长,难以架设电路环网,其线路几乎也都采用同杆双回方式。此外,同杆双回线路在英美等国也应用极广。在国内,能源产地和电力负荷中心的分布格局决定了我国必须采用满足长距离大容量的输电方式。同杆双回方式在 220kV 及其以上等级的输电网中大量使用,如川渝电网中的洪龙双回线(500kV)、淮南—皖南—浙北—沪西线路(1000kV)、部分三峡工程线路(500kV)[128]。

同杆双回的应用极大地缓解了土地资源的紧张,也对故障诊断带来了更大的挑战。同杆双回线路的结构决定了其故障情况的复杂性,跨线故障发生的概率也有所增加,导致的故障后果也更加严重。理论上其故障组合高达 120 种,其中 IA-IIB、IB-IIB、IC-IIC 三种故障无法通过电气量进行有效识别[4]。目前研究的故障主要是可识别的 22 种单回线路故障和95 种跨线故障[100]。虽然发生跨线故障的可能性极小,但其发生后,就会对电力系统的稳定性造成威胁,严重时会致其瘫痪[129]。如此,在复杂工况下进行故障诊断就变得尤为重要。

随着同杆双回线路的推广应用,其配套的保护单元必须及时判断故障并可靠动作,确保故障被迅速切除,将故障损失降至最低。然而,由于同杆双回线路运行方式更加复杂,原有的保护算法已经满足不了其对保护的要求[130]。由此,众多专家投入故障诊断研究中,提出了不少适用于同杆双回线路的故障诊断算法[131-135]。

3.1.2 仿真软件介绍

同杆双回线路故障情况复杂,若故障发生,将会引起大范围停电,对社会造成巨大经济财产损失。由于线路实际运行的数据不可控,无法根据线路的实际故障情况进行全面的分析,因此借助仿真软件对故障进行分析具有重要的意义。为了对同杆双回线路的电气耦合情况进行精确模拟,采用 PSCAD/EMTDC 仿真软件进行故障仿真,有利于对线路的故障特性进行分析。

EMTDC(electro magnetic transient in DC system)作为使用得最广的一种电力仿真软件,在研究交直流电力系统问题方面有着明显的优势[136-139]。PSCAD(power system computer aided design)是 EMTDC 的图形用户界面(graphic user interface,GUI),PSCAD 的元件库中包含电源模型、架空线及杆塔模型、故障控制模块等全面的电力系统组件[140]。通过 PSCAD,用户可以根据需要在图形用户界面搭建自己想要实现的模型。在进行仿真分析的同时,用户可以根据实际线路条件修改参数,通过显示模块实时观测数据变化趋势,极大地提升用户体验[141]。

1. 电源模型

同杆双回线路模型的电压模型选用三相电压源模型,PSCAD 提供的三相电压源模型从形式上分为 3 种,如图 3.1 所示。

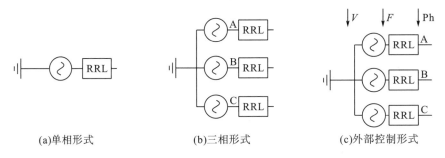

(a)单相形式   (b)三相形式   (c)外部控制形式

图 3.1 三相电压源模型

图 3.1(a)、(b)控制方式都为内部控制,图 3.1(a)为单相形式,图 3.1(b)为三相形式,此种形式下只能通过提前设定参数完成设置。图 3.1(c)为外部控制形式,此形式下可以通过外部控制元件对频率和线电压有效值进行调整,方便在仿真过程中根据需要动态调节参数。另外,该模型还提供 6 种可选阻抗类型,包括理想电压源、纯阻性、纯感性、纯容性、串联 *RLC* 和并联电阻电感再串联电阻。此外,还可以对中性点是否接地进行设置。

2. 架空线及杆塔模型

如图 3.2 所示,PSCAD 线路模型有集中参数模型和分布参数模型两种。其中集中参数模型采用集中的电气量来替代输电线路的电气特性,只对基频分量有效,适用于模拟短距离线路;分布参数模型采用分布电阻、电容等来模拟长距离线路[142]。

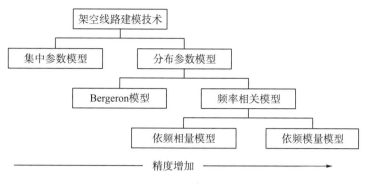

图 3.2　架空线路分类

PSCAD 中包含多种相线分布参数模型，各种模型均含有模型接口和传输线。PSCAD 提供 Bergeron 模型、依频相量模型和依频模量模型三种。其中依频相量模型在线路的暂态分析方面有较大优势，适用于时域仿真分析，因此本章采用依频相量模型，其在 PSCAD 元件库中的内部参数如图 3.3 所示。

Frequency Dependent(Phase)Model Options

Travel Time Interpolation：On
Curve Fitting Starting Frequency：0.5[Hz]
Curve Fitting End Frequency：1.0E6[Hz]
Total Number of Frequency Increments：100
Maximum Order of Fitting for Yc：20
Maximum Fitting Error for Yc：0.2[%]
Max.Order per Delay Grp.for Prop.Func.：20
Maximum Fitting Error for Prop.Func.：0.2[%]
DC Correction：Disabled
Passivity Checking：Disabled

图 3.3　依频相量模型内部参数

为与实际输电线路条件相符，保证线路模型的完整性，在模型中加入杆塔和大地模块，采用 3L12 杆塔模型，模型如图 3.4 所示。

Definition Canvas(T4_2)

Segment Name:T4

Steady State Frequency：50.0[Hz]

Length of Line：250.0[km]

Number of Conductors:6

Frequency Dependent(Phase)Model Options

Travel Time Interpolation：On
Curve Fitting Starting Frequency：0.5[Hz]
Curve Fitting End Frequency：1.0E6[Hz]
Total Number of Frequency Increments：100
Maximum Order of Fitting for Yc：20
Maximum Fitting Error for Yc：0.2[%]
Max.Order per Delay Grp.for Prop.Func.：20
Maximum Fitting Error for Prop.Func.：0.2[%]
DC Correction：Disabled
Passivity Checking：Disabled

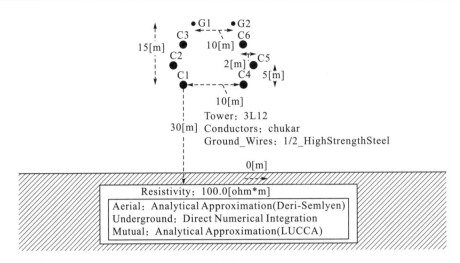

图 3.4　线路的杆塔和大地模块

3. 故障设定

相比于传统单回线路，同杆双回线路的故障类型更多样，且故障后果更加严重。为了更加全面地分析其故障特性，需要在其线路上进行各种故障类型的仿真。目前，PSCAD元件库中的故障模块最多支持三相故障的仿真，不适合同杆双回线路六相故障的仿真。所以，这里将多个单相故障断路器组合在一起，通过各个断路器开断的组合来实现不同故障类型的仿真。六相故障模块如图 3.5 所示。

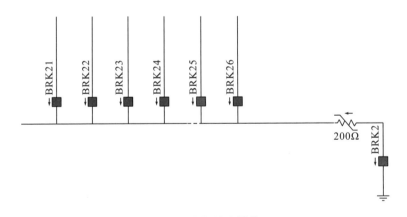

图 3.5　六相故障模块

3.1.3　同杆双回线路故障分析和模型建立

同杆双回线路的故障识别及其选相算法已有大量研究成果，但还有许多待完善的地方，例如，在单回线路故障时，能够准确地进行故障识别；但同名相跨线故障时，不能正确地进行故障识别。而且随着电网电压等级的提升，线路产生故障的后果也发生了较大变化，原有故障识别及其选相算法在快速性和可靠性已经无法适应当前新型线路的保护要求。

1. 同杆双回线路故障类型

同杆双回线路简化模型如图 3.6 所示,采用双端电源供电方式,M 和 N 为两端母线,MN 为保护区内线路,PM、NO 为保护区外线路,$R_1 \sim R_6$ 为各线路上对应的行波保护单元。设 R_1 处的行波电压和电流分别为 Δu 和 Δi。

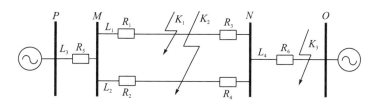

图 3.6　同杆双回线路简化模型

传统的输电线路以三相三线为一回线,每一回线单独使用一个杆塔。而同杆双回线路总共六相六线,且两回线共同使用一个杆塔。相比于传统的输电模式,同杆双回线路因其线路结构的原因,其故障类型更加复杂多样。同杆双回线路理论上故障类型多达 120 种,主要有单回线路障和跨线故障两大类,跨线故障还可以分为同名相跨线故障和非同名相跨线故障,故障类型详见表 3.1。

表 3.1　同杆双回线路故障类型

故障类型		故障线路	数量
单回线路故障	单相故障	1AG、1BG、1CG、2AG、2BG、2CG	6
	两相故障	1ABG、1ACG、1BCG、2ABG、2ACG、2BCG、1AB、1AC、1BC、2AB、2AC、2BC	12
	三相故障	1ABCG、2ABCG	2
跨线故障	两相故障	1A2AG、1A2BG、1A2CG、1B2AG、1B2BG、1B2CG、1C2AG、1C2BG、1C2CG、1A2A、1A2B、1A2C、1B2A、1B2B、1B2C、1C2A、1C2B、1C2C	18
	三相故障	1A2ABG、1A2ACG、1A2BCG、1B2ABG、1B2ACG、1B2BCG、1C2ABG、1C2BCG、1C2ACG、1AC2AG、1AC2BG、1AC2CG、1AB2AG、1AB2BG、1AB2CG、1BC2AG、1BC2BG、1BC2CG、1A2AB、1A2AC、1A2BC、1B2AB、1B2AC、1B2BC、1C2AB、1C2BC、1C2AC、1AC2A、1AC2B、1AC2C、1AB2A、1AB2B、1AB2C、1BC2A、1BC2B、1BC2C	36
	四相故障	1ABC2AG、1ABC2BG、1ABC2CG、1A2ABCG、1B2ABCG、1C2ABCG、1AB2ABG、1AB2ACG、1ABC2BCG、1AC2ABG、1AC2ACG、1AC2BCG、1BC2ABG、1BC2ACG、1BC2CG、1ABC2A、1ABC2B、1ABC2C、1A2ABC、1B2ABC、1C2ABC、1AB2AB、1AB2AC、1ABC2BC、1AC2AB、1AC2AC、1AC2BC、1BC2AB、1BC2AC、1BC2AC	30
	五相故障	1ABC2ABG、1ABC2ACG、1ABC2BCG、1AB2ABCG、1AC2ABCG、1BC2ABCG、1ABC2AB、1ABC2AC、1ABC2BC、1AB2ABC、1AC2ABC、1BC2ABC	12
	六相故障	1ABC2ABCG、1ABC2ABC	2

单回线路故障最易发生，跨线故障极少发生，但跨线故障后果与影响恶劣，其危害程度远比单回线路故障严重。当线路发生单回线路故障时，会使系统产生振荡，有可能会引发跨线故障，所以需要在故障后迅速进行故障识别，将故障线路及时切除，降低相应的故障风险。

为了方便对各种故障类型进行描述，将单回线路上的三相分别用 A、B、C 表示，I 回线用 1 表示，II 回线用 2 表示，符号 G 代表故障接地。例如，1AB2BCG 表示 I 回线上的 A、B 两相与 II 回线的 B、C 两相发生了接地故障。

2. 电气解耦

同杆双回线路同时包含相间耦合和线间耦合，耦合情况比传统单回线路更加复杂多样。因此，在对故障特性进行分析时，需要对各相的电气量进行解耦运算。同杆双回线路常用的解耦方式主要有六序分量法、类克拉克变换等。

1）六序分量法

六序分量法[4]是在对称分量法的基础之上，对同杆双回线路特有的线路结构进行延伸应用。它的思路是先消除两回线路之间的线间耦合，再通过对称分量法消除单回线路内部的相间耦合。将两回线路中的电流分解为同向电流分量和反向电流分量，两回线路相互产生的感生电势相互抵消，可以消除两回线路之间的线间耦合。设六序分量法的变换矩阵为 P，下标中，T 表示同向分量，F 表示反向分量。

$$P = \begin{bmatrix} 1 & 1 & 1 & 1 & 1 & 1 \\ 1 & 1 & \alpha^2 & \alpha^2 & \alpha & \alpha \\ 1 & 1 & \alpha & \alpha & \alpha^2 & \alpha^2 \\ 1 & -1 & 1 & -1 & 1 & -1 \\ 1 & -1 & \alpha^2 & -\alpha^2 & \alpha & -\alpha \\ 1 & -1 & \alpha & -\alpha & \alpha^2 & -\alpha^2 \end{bmatrix} \tag{3-1}$$

$$\begin{bmatrix} I_{T0} \\ I_{F0} \\ I_{T1} \\ I_{F1} \\ I_{T2} \\ I_{F2} \end{bmatrix} = \begin{bmatrix} 1 & 1 & 1 & 1 & 1 & 1 \\ 1 & 1 & \alpha^2 & \alpha^2 & \alpha & \alpha \\ 1 & 1 & \alpha & \alpha & \alpha^2 & \alpha^2 \\ 1 & -1 & 1 & -1 & 1 & -1 \\ 1 & -1 & \alpha^2 & -\alpha^2 & \alpha & -\alpha \\ 1 & -1 & \alpha & -\alpha & \alpha^2 & -\alpha^2 \end{bmatrix}^{-1} \begin{bmatrix} I_{1A} \\ I_{1B} \\ I_{1C} \\ I_{2A} \\ I_{2B} \\ I_{2C} \end{bmatrix} \tag{3-2}$$

式中，$\alpha = 1/2 + \sqrt{3}\mathrm{j}/2$；$I_{T0}$、$I_{F0}$、$I_{T1}$、$I_{F1}$、$I_{T2}$、$I_{F2}$ 分别为同向电流分量和反向电流分量；I_{1A}、I_{1B}、I_{1C}、I_{2A}、I_{2B}、I_{2C} 分别为 1 回线和 2 回线 A、B、C 各相的相电流。

2）类克拉克变换

类克拉克变换[143]是克拉克变换在同杆双回线路中的应用，具有克拉克变换速度快的

优点，设其变换矩阵为 C，有

$$C = \begin{bmatrix} 1 & 1 & 1 & 0 & 0 & 0 \\ 1 & 1 & -\dfrac{1}{2} & \dfrac{\sqrt{3}}{2} & 0 & 0 \\ 1 & 1 & -\dfrac{1}{2} & -\dfrac{\sqrt{3}}{2} & 0 & 0 \\ 1 & -1 & 0 & 0 & 1 & 0 \\ 1 & -1 & 0 & 0 & -\dfrac{1}{2} & \dfrac{\sqrt{3}}{2} \\ 1 & -1 & 0 & 0 & -\dfrac{1}{2} & -\dfrac{\sqrt{3}}{2} \end{bmatrix} \qquad (3\text{-}3)$$

$$\begin{bmatrix} I_{10} \\ I_{20} \\ I_{1\alpha} \\ I_{1\beta} \\ I_{2\alpha} \\ I_{2\beta} \end{bmatrix} = \begin{bmatrix} 1 & 1 & 1 & 0 & 0 & 0 \\ 1 & 1 & -\dfrac{1}{2} & \dfrac{\sqrt{3}}{2} & 0 & 0 \\ 1 & 1 & -\dfrac{1}{2} & -\dfrac{\sqrt{3}}{2} & 0 & 0 \\ 1 & -1 & 0 & 0 & 1 & 0 \\ 1 & -1 & 0 & 0 & -\dfrac{1}{2} & \dfrac{\sqrt{3}}{2} \\ 1 & -1 & 0 & 0 & -\dfrac{1}{2} & -\dfrac{\sqrt{3}}{2} \end{bmatrix}^{-1} \begin{bmatrix} I_{1A} \\ I_{1B} \\ I_{1C} \\ I_{2A} \\ I_{2B} \\ I_{2C} \end{bmatrix} \qquad (3\text{-}4)$$

式中，I_{10}、I_{20}、$I_{1\alpha}$、$I_{2\alpha}$、$I_{1\beta}$、$I_{2\beta}$ 分别为 1 回线和 2 回线的 0、α、β 模量电流；I_{1A}、I_{1B}、I_{1C}、I_{2A}、I_{2B}、I_{2C} 分别为 1 回线和 2 回线的 A、B、C 各相的相电流。

3）新相模变换法

虽然六序分量法继承了对称分量法的优点，但因其变换矩阵中含有复数因子，增加了计算量和计算时间。而类克拉克变换法的单一模量无法对全部故障类型进行反映，需要和其他模量配合使用才能进行故障分析。针对这种情况，王守鹏等[144]通过分析解耦矩阵的特性，提出了新相模变换法，其同向模量可以反映全部故障类型。设其变换矩阵为 M，有

$$M = \frac{1}{15} \begin{bmatrix} 5 & 5 & 5 & 5 & 5 & 5 \\ 5 & -1 & -4 & 5 & -1 & -4 \\ 5 & -4 & -1 & 5 & -4 & -1 \\ 5 & 5 & 5 & -5 & -5 & -5 \\ 5 & -1 & -4 & -5 & 1 & 4 \\ 5 & -4 & -1 & -5 & 4 & 1 \end{bmatrix} \qquad (3\text{-}5)$$

$$\begin{bmatrix} I_{T0} \\ I_{T1} \\ I_{T2} \\ I_{F0} \\ I_{F1} \\ I_{F2} \end{bmatrix} = \frac{1}{15} \begin{bmatrix} 5 & 5 & 5 & 5 & 5 & 5 \\ 5 & -1 & -4 & 5 & -1 & -4 \\ 5 & -4 & -1 & 5 & -4 & -1 \\ 5 & 5 & 5 & -5 & -5 & -5 \\ 5 & -1 & -4 & -5 & 1 & 4 \\ 5 & -4 & -1 & -5 & 4 & 1 \end{bmatrix}^{-1} \begin{bmatrix} I_{1A} \\ I_{1B} \\ I_{1C} \\ I_{2A} \\ I_{2B} \\ I_{2C} \end{bmatrix} \tag{3-6}$$

式中，I_{T0}、I_{T1}、I_{T2}、I_{F0}、I_{F1}、I_{F2} 分别为同向和反向的 0 模量、1 模量和 2 模量电流分量；I_{1A}、I_{1B}、I_{1C}、I_{2A}、I_{2B}、I_{2C} 分别为 1 回线和 2 回线的 A、B、C 各相的相电流。

3. 模型建立

通过 3.1.2 节对各模块的介绍，使用 PSCAD 建立同杆双回线路模型。如图 3.7 所示，该模型采用双电源供电方式，电压等级为 500kV，工频 50Hz；两侧的单回线路长 150km，采用 3H5 杆塔模型；中间的双回线路长 300km，采用 3H12 杆塔模型。

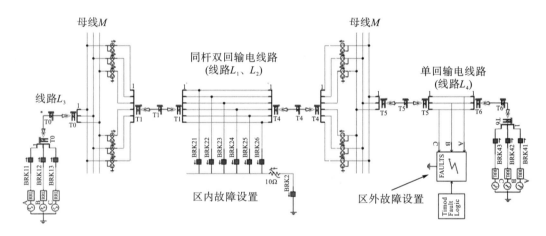

图 3.7　同杆双回线路模型

4. 实验数据与接口设计

在各条线路的两端设置相应的行波保护单元，同时在区内线路和区外线路上分别加上故障模块。通过改变故障的相别、故障开始的相位、故障时的接地电阻大小以及故障点发生的位置等参数对模型进行区内外故障的仿真分析，采集线路两侧保护单元上的电压和电流信号作为原始故障数据。

为方便对原始数据进行后续处理，从 PSCAD 中采集故障数据，用后缀名为".out"的文件格式输出并保存。out 文件中第一列为时间信息，后面的各列依次对应 PSCAD 中各电气量数据。out 文件中的数据可以用 MATLAB、Python 等分析软件读取，输入编写好的保护算法模块，即可验证保护性能。

3.2　基于 MRSVD-RF 的同杆双回线路故障识别

本节借鉴叶睿恺等[17]同端和同线比较的研究思路，引入机器学习算法，提出基于 MRSVD-RF 的同杆双回线路故障识别方法。分析同一线路两端的电流波形变化规律，利用 MRSVD 对两端解耦后的电流模量进行多层分解，通过提取每个尺度下的电流积分作为特征数据，输入随机森林模型中进行区内外故障识别。

3.2.1　初始行波电流分析

以图 3.6 中的同杆双回线路简化模型为例进行分析，设电流正方向为母线流入线路。规定从故障时刻开始到故障行波经折/反射后第二次传播到近故障端的一段时间内的行波信号为初始行波信号[145]。

1. 区外故障行波特征分析

区外线路 K_3 处故障时，线路的彼得逊等值模型如图 3.8 所示。图中 $\Delta \dot{U}_M$ 和 $\Delta \dot{U}_N$ 为两端的初始行波电压；$\Delta \dot{I}_k (k=1,2,\cdots,6)$ 为各线路保护单元 $R_1 \sim R_6$ 上的初始行波电流；$Z_{c_1} \sim Z_{c_4}$ 为线路 $L_1 \sim L_4$ 上的行波阻抗；Z_{c_M} 和 Z_{c_N} 为两端对地电容等效阻抗。

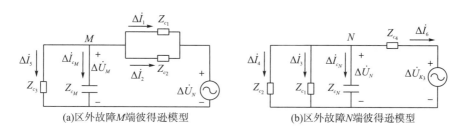

(a)区外故障M端彼得逊模型　　　　　　　(b)区外故障N端彼得逊模型

图 3.8　区外故障彼得逊等值模型

由图 3.8 分析可得

$$\Delta \dot{I}_1 = -\frac{1}{2} \frac{\Delta \dot{U}_N}{Z_{c_3} // Z_{c_M} + Z_{c_1} // Z_{c_2}}$$

$$\approx -\frac{\Delta \dot{U}_N}{R} \cdot \frac{3 + \omega^2 C_M^2 R^2 + \mathrm{j}2\omega C_M R}{9 + \omega^2 C_M^2 R^3} \tag{3-7}$$

$$\Delta \dot{I}_3 \approx \frac{\Delta \dot{U}_N}{R} \tag{3-8}$$

在超高压输电线路上，由于单位电阻和电导较小，线路波阻抗可等效为常数[122]，即 $Z_{c_1} = Z_{c_2} = Z_{c_3} = Z_{c_4} \approx R$，$Z_{c_M} = \dfrac{1}{\mathrm{j}\omega C_M}$。比较式 (3-7) 和式 (3-8) 可知：在区外故障时，同一

线路两端的初始行波电流突变方向近似相反。

2. 区内故障行波特征分析

1)单回线路故障行波分析

图 3.9 为区内线路 K_1 处发生单回线路故障时，线路的彼得逊等值模型。根据图 3.9 可以得到

$$
\begin{aligned}
\Delta \dot{I}_1 &= -\frac{\Delta \dot{U}_{K_1}}{Z_{c_1} + Z_{c_3} // Z_{c_M} // Z_{c_2}} \\
&\approx -\frac{\Delta \dot{U}_{K_1}\left(6 + \mathrm{j}\omega C_M R + \omega^2 C_M^2 R^2\right)}{9R + \omega^2 C_M^2 R^3}
\end{aligned}
\tag{3-9}
$$

$$
\begin{aligned}
\Delta \dot{I}_3 &= -\frac{\Delta \dot{U}_{K_1}}{Z_{c_1} + Z_{c_3} // Z_{c_N} // Z_{c_2}} \\
&\approx -\frac{\Delta \dot{U}_{K_1}\left(6 + \mathrm{j}\omega C_N R + \omega^2 C_N^2 R^2\right)}{9R + \omega^2 C_N^2 R^3}
\end{aligned}
\tag{3-10}
$$

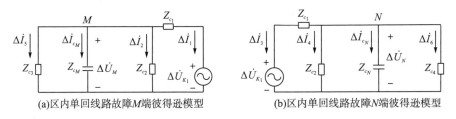

(a)区内单回线路故障M端彼得逊模型   (b)区内单回线路故障N端彼得逊模型

图 3.9　单回线路故障彼得逊等值模型

在理想条件下，两端母线处的对地电容等效阻抗大小相等，即 $Z_{c_M} \approx Z_{c_N}$。比较式(3-9)和式(3-10)可知：在发生区内单回线路故障时，同一线路上两端的初始行波电流突变方向近似相同。

2)同名相跨线故障行波分析

图 3.10 为区内线路上 K_2 处发生同名相跨线故障时，线路的彼得逊等值模型。由图 3.10 分析可知：

$$
\Delta I_1 = -\frac{1}{2}\frac{\Delta \dot{U}_{K_2}}{Z_{c_3} // Z_{c_M} + Z_{c_1} // Z_{c_2}} \approx \frac{\Delta \dot{U}_{K_2}\left(1 + \mathrm{j}\omega C_M R\right)}{3R + \mathrm{j}\omega C_M R}
\tag{3-11}
$$

$$
\Delta \dot{I}_3 = -\frac{1}{2}\frac{\Delta \dot{U}_{K_2}}{Z_{c_3} // Z_{c_N} + Z_{c_1} // Z_{c_2}} \approx \frac{\Delta \dot{U}_{K_2}\left(1 + \mathrm{j}\omega C_N R\right)}{3R + \mathrm{j}\omega C_N R}
\tag{3-12}
$$

比较式(3-11)和式(3-12)可得：发生区内同名相跨线故障时，同一线路上两端的初始行波电流突变方向也几乎相同。

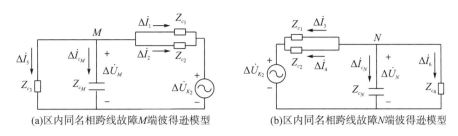

(a)区内同名相跨线故障M端彼得逊模型   (b)区内同名相跨线故障N端彼得逊模型

图 3.10   同名相跨线故障彼得逊等值模型

综上分析可知,区外故障时,同一线路两端的行波电流突变方向近似相反;而区内故障时,同一线路两端的行波电流突变方向近似相同。

3.2.2   特征提取

完备的故障数据能够为故障分析提供强力的支撑。本节修改故障类型与故障初始角等故障参数,实现不同故障条件下同杆双回线路故障的仿真。在各种故障条件下仿真,提取线路两端保护处的原始电气数据,对两端的电流数据使用新的相模变换矩阵进行解耦,经小波滤波后提取故障后 0.2ms 的同向 1 模量电流数据进行多分辨奇异值分解(multi-resolution singular value decomposition,MRSVD);最后计算各尺度下行波电流积分值作为特征输入随机森林模型进行故障识别。

1. 多分辨奇异值分解

多分辨奇异值分解[146]本质上是对信号进行多次递推的奇异值分解(singular value decomposition,SVD),将一维信号使用二分法按级分解为近似信号与细节信号[147]。对于一维任意离散信号 $x = [x_1, x_2, \cdots, x_N]$,可以通过构造其汉克尔矩阵进行分解:

$$H = \begin{bmatrix} x_1 & x_2 & \cdots & x_{N-1} \\ x_2 & x_3 & \cdots & x_N \end{bmatrix} \tag{3-13}$$

对汉克尔矩阵 H 进行一次分解,可以得到

$$H = USV^{\mathrm{T}} \tag{3-14}$$

式中,$U = [u_1, u_2]$ 和 $V = [v_1, v_2, \cdots, v_{N-1}]$ 为分解后得到的左右正交矩阵,$U \in \mathbf{R}^{2 \times 2}$,$V \in \mathbf{R}^{(N-1) \times (N-1)}$;$S = (\mathrm{diag}(\sigma_a, \sigma_d), O)$ 为分解后的对角矩阵,$S \in \mathbf{R}^{2 \times (N-1)}$,$\sigma_a$ 为近似奇异值,σ_d 为细节奇异值,且 $\sigma_a > \sigma_d$;O 是矩阵内部全为零的零矩阵。

将 S 矩阵打开后,式(3-14)可以表达为

$$H = \sigma_a u_1 v_1^{\mathrm{T}} + \sigma_d u_2 v_2^{\mathrm{T}} \tag{3-15}$$

式中,$u_i \in \mathbf{R}^{2 \times 1}$,$v_i \in \mathbf{R}^{(N-1) \times 1}$,$i = 1, 2$。令 $H_a = \sigma_a u_1 v_1^{\mathrm{T}}$,$H_a \in \mathbf{R}^{2 \times (N-1)}$ 为近似矩阵,反映信号主体信息;$H_d = \sigma_d u_2 v_2^{\mathrm{T}}$,$H_d \in \mathbf{R}^{2 \times (N-1)}$ 为细节矩阵,反映信号的细节信息。

H_{a1} 和 H_{a2} 是 H_a 的行矢量。设 L_{a1}、L_{a2} 为行矢量 H_{a1}、H_{a2} 中的矢量,由图 3.11(a)可知,虽然 L_{a1}、L_{a2} 有着相同的部分 $a_2, a_3, \cdots, a_{N-1}$;但 L_{a1}、L_{a2} 不相等。为了保证信息的完整,将 H_a 中相同数据的均值作为 A 中对应位置的数据,可得

$$A = \left(a_1, (L_{a1} + L_{a2})/2, a_N\right) \qquad (3\text{-}16)$$

同理可知，细节矩阵 H_d 中有行矢量 H_{d1}、H_{d2} 和 L_{d1}、L_{d2} 是 H_{d1}、H_{d2} 各自的子矢量，可得

$$D = \left(d_1, (L_{d1} + L_{d2})/2, d_N\right) \qquad (3\text{-}17)$$

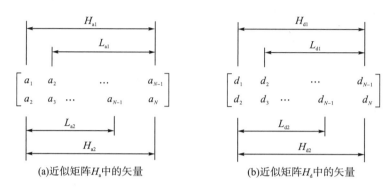

(a)近似矩阵H_a中的矢量　　　　(b)近似矩阵H_d中的矢量

图 3.11　近似矩阵和细节矩阵中的各个矢量

通过上述步骤得到 1 次 SVD 的结果，多次重复该过程，就可得到特定尺度下的分解信号。假设最开始分解的信号为 A_0，分解过程如图 3.12 所示。

假设最终的分解层数为 $j = K$，则 A_0 可表示为

$$A_0 = A_K + \sum_{j=1}^{K} D_j \qquad (3\text{-}18)$$

式中，A_K 是经过 K 次分解后得到的近似信号；$\sum_{j=1}^{K} D_j$ 为每次分解后得到的细节信号的总和。

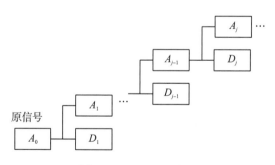

图 3.12　MRSVD 过程

2. 信号特征提取

1)行波电流波形分析

图 3.13 和图 3.14 为区外线路上 B、C 两相发生故障接地时，线路两端各自的同向 1 模量电流及其经过 MRSVD 后各尺度下的电流波形。

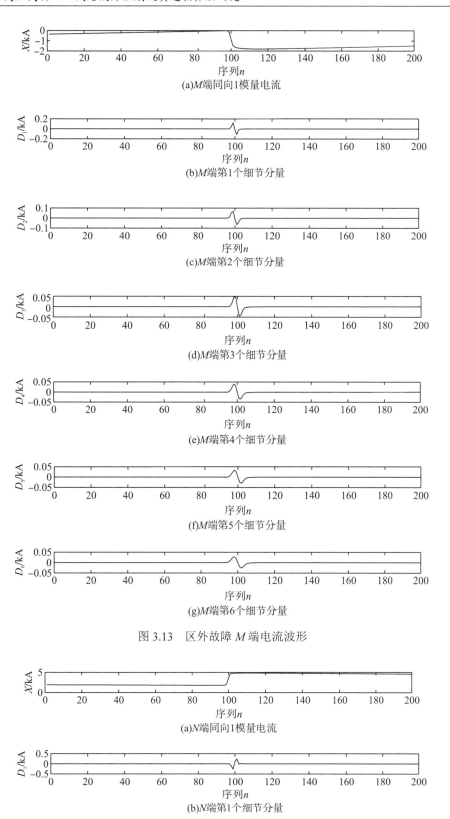

(a)M端同向1模量电流

(b)M端第1个细节分量

(c)M端第2个细节分量

(d)M端第3个细节分量

(e)M端第4个细节分量

(f)M端第5个细节分量

(g)M端第6个细节分量

图 3.13　区外故障 M 端电流波形

(a)N端同向1模量电流

(b)N端第1个细节分量

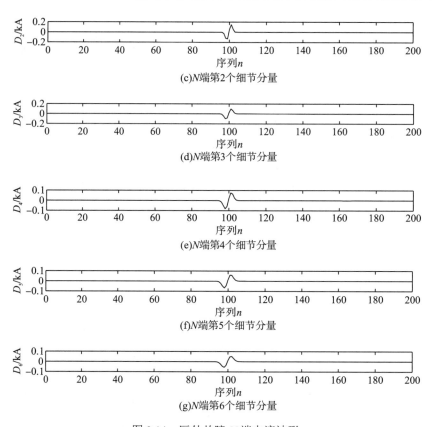

(c)N端第2个细节分量

(d)N端第3个细节分量

(e)N端第4个细节分量

(f)N端第5个细节分量

(g)N端第6个细节分量

图 3.14   区外故障 N 端电流波形

比较图 3.13 和图 3.14 可知：区外故障时，在故障时刻，单端的同向 1 模量电流突变方向与其 MRSVD 后的突变方向相同；而同一条线路上 M、N 两端在故障时刻(零交叉点[146])各个尺度的行波电流突变方向近似相反。

图 3.15 和图 3.16 为区内 L_2 线路上 A、C 两相发生故障接地时，线路两端各自的同向 1 模量电流及其经过 MRSVD 之后各尺度下的电流波形。

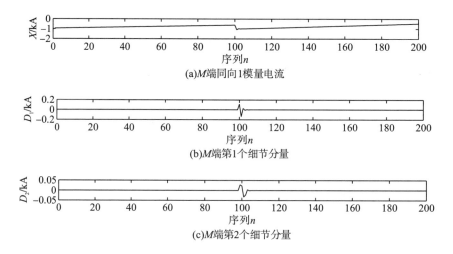

(a)M端同向1模量电流

(b)M端第1个细节分量

(c)M端第2个细节分量

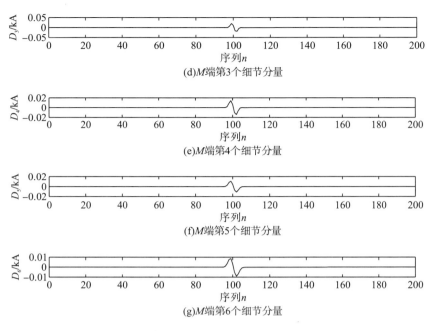

(d)M端第3个细节分量

(e)M端第4个细节分量

(f)M端第5个细节分量

(g)M端第6个细节分量

图 3.15   单回线路故障 M 端电流波形

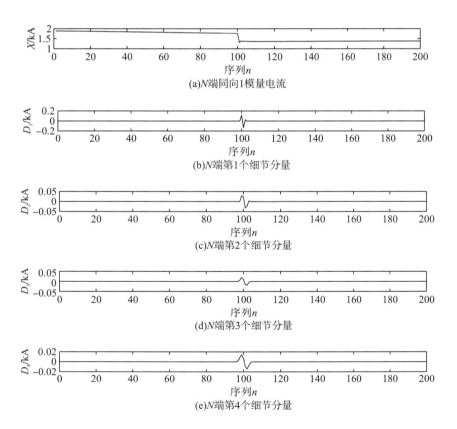

(a)N端同向1模量电流

(b)N端第1个细节分量

(c)N端第2个细节分量

(d)N端第3个细节分量

(e)N端第4个细节分量

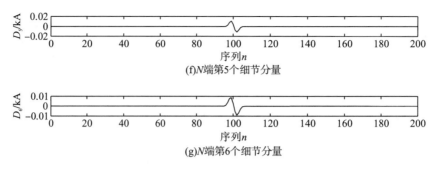

(f)N端第5个细节分量

(g)N端第6个细节分量

图 3.16   单回线路故障 N 端电流波形

比较图 3.15 和图 3.16 可知：单回线路故障时，单端的同向 1 模量电流突变方向与其
MRSVD 后的突变方向相同；而同一条线路上 M、N 两端在故障时刻各个尺度的行波电流
突变方向近似相同。

图 3.17 和图 3.18 为区内 L_1 线路上 A、B 两相与 L_2 线路上 A、B 两相故障接地时，线
路两端各自的同向 1 模量电流及其经过 MRSVD 之后各尺度下的电流波形。比较图 3.17
和图 3.18 可知：同名相跨线故障时，单端的同向 1 模量电流突变方向与其 MRSVD 后的
突变方向相同；而同一条线路上 M、N 两端在故障时刻各个尺度的行波电流突变方向近似
相同。

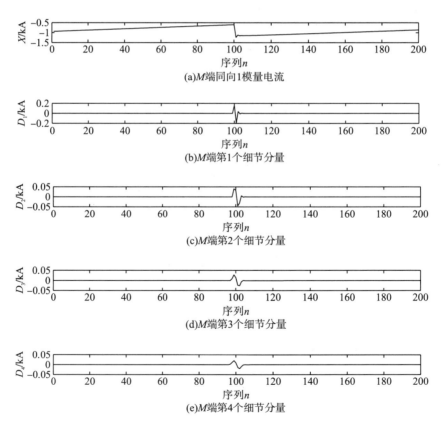

(a)M端同向1模量电流

(b)M端第1个细节分量

(c)M端第2个细节分量

(d)M端第3个细节分量

(e)M端第4个细节分量

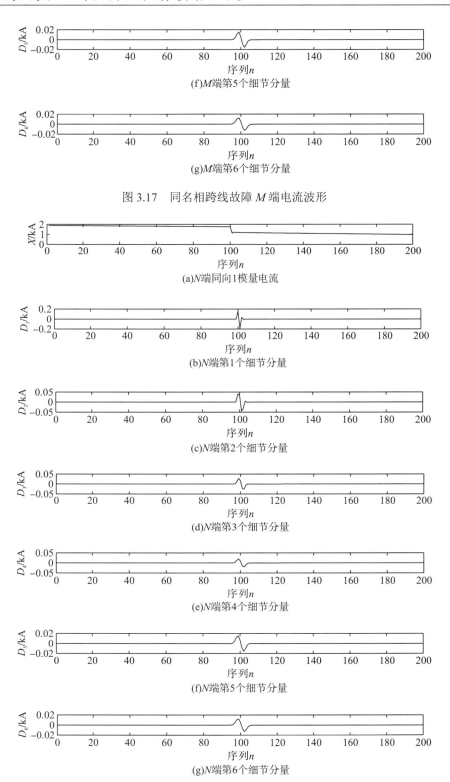

(f)M端第5个细节分量

(g)M端第6个细节分量

图 3.17　同名相跨线故障 M 端电流波形

(a)N端同向1模量电流

(b)N端第1个细节分量

(c)N端第2个细节分量

(d)N端第3个细节分量

(e)N端第4个细节分量

(f)N端第5个细节分量

(g)N端第6个细节分量

图 3.18　同名相跨线故障 N 端电流波形

这些仿真波形的变化规律验证了3.2.1节采用彼得逊等值电路理论分析部分的正确性：在故障后的一段时间之内，MRSVD后得到的各尺度下的行波电流波形分布在同一侧。因此，可以将故障后的电流积分值作为故障识别的特征数据。

2）滤波处理

由于同杆双回线路多运行在露天环境，受环境噪声影响严重，其电流信号中含有大量的环境噪声，此时的电流信号是纯电流信号与环境噪声叠加在一起的结果[148]。纯电流信号经MRSVD后，能量主要集中在主体信号中，剩余的极少能量集中在细节信号中；而噪声信号经MRSVD后，能量于主体信号占据一半，于细节信号中占据另一半。因此，只需要利用MRSVD将含有噪声的电流信号分解为多层，其中的噪声信号就会随分解层数的增加而呈级数衰减，分解之后得到的主体信号中只含有很少量的噪声信号[146]，这样就可以很好地实现对噪声信号的滤除。

3）电流积分特征提取

经过电气解耦之后的每一个模量都能视为一个独立的单相系统，可以利用单相系统的分析方法对同杆双回线路进行故障分析[149]。因此，前面将同杆双回线路视作单相系统进行分析的推导成立。将 M 端和 N 端的电流数据进行电气解耦，选取同向 1 模量电流进行MRSVD，计算各尺度下的电流积分值作为特征数据进行故障识别，具体过程如下：

（1）提取 M 端和 N 端的原始电流数据进行相模变换解耦。

（2）从两端解耦后的模量电流中分别选取同向 1 模量电流进行 MRSVD，设定分解层数为 6 层。

（3）计算每层信号在故障后 0.2ms 内的电流积分值，计算公式为

$$\begin{cases} S_{M\varphi} = \int_{n=t}^{t+\Delta t} i_{M\varphi}(n) \\ S_{N\varphi} = \int_{n=t}^{t+\Delta t} i_{N\varphi}(n) \end{cases} \tag{3-19}$$

式中，故障起始时刻为 t，$\Delta t = 0.2$ms 为待提取的故障数据长度；$\varphi = 1, 2, \cdots, 6$ 为分解后的信号层数，$i_{M\varphi}$ 和 $i_{N\varphi}$ 表示 M 端和 N 端第 φ 层的电流。$S_{M\varphi}$ 和 $S_{N\varphi}$ 为 M 端和 N 端第 φ 层的电流积分值。

（4）利用计算得到的积分值[S_{M1}，S_{M2}，S_{M3}，S_{M4}，S_{M5}，S_{M6}，S_{N1}，S_{N2}，S_{N3}，S_{N4}，S_{N5}，S_{N6}]排列在一起，作为故障识别的特征向量。

3.2.3　基于随机森林的故障识别算法

如图 3.19 所示，基于 MRSVD-RF 的同杆双回线路故障识别流程为：线路故障后，提取线路两端的电流数据进行电气解耦，经滤波之后选取同向 1 模量电流进行 MRSVD，分解层数为 6，计算各层在故障后 0.2ms 内的行波电流积分值[S_{M1}, S_{M2}, S_{M3}, S_{M4}, S_{M5}, S_{M6}, S_{N1}, S_{N2}, S_{N3}, S_{N4}, S_{N5}, S_{N6}]并作为特征向量；将积分特征输入随机森林(RF)模型中进行故障识别。

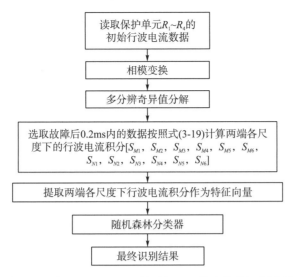

图 3.19　基于 MRSVD-RF 的同杆双回线路故障识别流程

3.2.4　仿真验证

1. 训练集的构成

训练集由区内故障样本和区外故障样本构成。区内故障样本：在区内距 N 端 150km 处采集 117 种不同故障类型、10 种不同故障初始角情况下的仿真数据，得到 1170 组数据。区外故障样本：在区外距 N 端 100km 处采集 11 种不同故障类型、10 种不同故障初始角情况下的仿真数据，得到 110 组数据。

2. 模型训练与测试

1）模型训练

使用训练集样本训练 RF 模型，得到最佳的同杆双回线路故障识别模型。RF 模型对训练样本的识别结果如图 3.20 示。可以看出，该模型对训练集样本具有很好的识别效果。

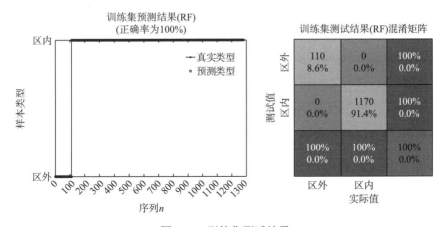

图 3.20　训练集测试结果

2) 模型测试

为检验该方法在不同故障类型、故障初始角和过渡电阻下的识别性能,改变故障类型,在不同故障初始角和过渡电阻条件下采集故障数据进行测试。测试结果如图 3.21 所示。第 1~18 个样本是不同故障类型时的故障数据,故障参数如表 3.2 所示;第 19~38 个样本是不同故障初始角时的故障数据,故障参数如表 3.3 所示;第 39~54 个样本是不同过渡电阻时的故障数据,故障参数如表 3.4 所示。

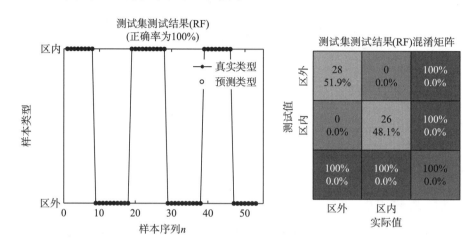

图 3.21　不同工况下的测试结果

表 3.2　不同故障类型时的识别结果

故障区间	故障初始角/(°)	过渡电阻/Ω	故障类型	识别结果
区内故障距离 N 端 250km	60	300	1AG	区内故障
			1BCG	
			2ABCG	
			1C2CG	
			1AB2C	
			1AB2ABG	
			1BC2BC	
			1ABC2ABCG	
区外故障距离 N 端 50km	30	100	AG	区外故障
			BCG	
			AC	
			ABCG	
			ABC	
区外故障距离 N 端 100km	60	300	AG	区外故障
			BCG	
			AC	
			ABCG	
			ABC	

表 3.3　不同故障初始角时的识别结果

故障区间	故障类型	过渡电阻/Ω	故障初始角/(°)	识别结果
区内故障距离 N 端 150km	1B2CG	100	5 15 30 60 120	区内故障
区内故障距离 N 端 200km	1ABC2BCG	300	5 15 30 60 120	区内故障
区外故障距离 N 端 50km	AG	100	5 15 30 60 120	区外故障
区外故障距离 N 端 200km	BCG	300	5 15 30 60 120	区外故障

表 3.4　不同过渡电阻时的识别结果

故障区间	故障类型	故障初始角/(°)	过渡电阻/Ω	识别结果
区内距离 N 端 150km	1BCG	45	0 100 300 500	区内故障
区内距离 N 端 250km	1AC2BG	90	0 100 300 500	区内故障
区外距离 N 端 50km	ABCG	45	0 100 300 500	区外故障
区外距离 N 端 100km	BCG	90	0 100 300 500	区外故障

由表 3.2～表 3.4 可知，该算法能够免受故障类型、过渡电阻和故障初始角等条件的影响，能够准确识别区内外故障。

3.2.5 算法性能分析

1. 抗 CT 饱和测试

M 端 CT 饱和的情况下，在不同故障条件下进行区内外故障数据仿真，将待测数据输入随机森林模型进行测试，测试结果如表 3.5 所示。从表中可知，CT 饱和不影响该算法的识别准确性。

表 3.5 M 端 CT 饱和时故障测试结果

故障区间	故障类型	故障初始角/(°)	过渡电阻/Ω	与 N 端距离/km	识别结果
区内故障	2BCG	15	0	100	区内故障
	1A2BCG	30	100	150	
区外故障	BCG	60	300	50	区外故障
	AG	120	500	100	

2. 抗噪声测试

另取电流数据，加入噪声干扰，使得信噪比 SNR 分别为 30dB、40dB、50dB、60dB。按照上述特征提取的方法提取特征，然后输入随机森林模型进行故障识别测试，测试结果如表 3.6 所示。从表中可知，该方法抗噪性能较强，在不同信噪比情况下，能够有效进行区内外故障识别。

表 3.6 抗噪声测试结果

故障区间	故障类型	故障初始角/(°)	过渡电阻/Ω	SNR/dB	识别结果
区内故障	1A2BCG	60	200	30	区内故障
				40	
				50	
				60	
区外故障	BCG	90	300	30	区外故障
				40	
				50	
				60	

3.3 基于小波能量比的同杆双回线路故障识别

本节借鉴王永进等[150]对反行波信号的分析思路，分别在区内外故障时，分析同一线路两端的反行波电流幅值关系，提出基于小波能量比的同杆双回线路故障识别方法。将两端的反行波模量电流用小波分解法分解，分解层数为 6，计算故障后特定时窗内各尺度下的小波能量之比，将其作为特征向量训练支持向量机模型，实现区内外故障的识别。

3.3.1　故障行波传输特性分析

1. 区内故障行波特性

本小节以单相线路为例分析行波传输过程，如图 3.6 所示，区内线路上 K_1 处故障时，行波传播过程如图 3.22 所示。τ_M 和 τ_N 为行波从故障起始时刻传输至 M 端和 N 端的时间，τ 为行波从 M 端传输至 N 端的时间。i_{Mf} 为 M 端的前行波电流，i_{Mb} 为 M 端的反行波电流，i_{Nf} 为 N 端的前行波电流，i_{Nb} 为 N 端的反行波电流。

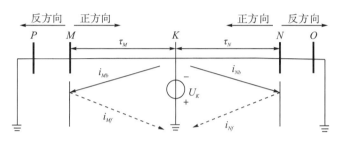

图 3.22　区内故障时行波传输过程

分析图 3.22 可知，区内故障时，两端母线处首先检测到反行波电流 i_{Mb} 和 i_{Nb}。若一端母线先检测到反行波信号的时间为 t，那么另一端母线在 $[t,t+\tau]$ 内必能检测到反行波信号。

2. 区外故障行波特性

如图 3.6 所示，区外线路上 K_2 处故障时，行波传播过程如图 3.23 示。故障后，故障前行波电流 i_{Nf} 先传播至 N 端，此时 N 端检测不到反行波电流，i_{Nf} 沿线路传输至 M 端，变成反行波电流 i_{Mb}，M 端首次检测到反行波电流；后在 M 端发生边界反射，变成前行波电流 i_{Mf}，i_{Mf} 反射回 N 端，变成 N 端的反行波电流 i_{Nb}。

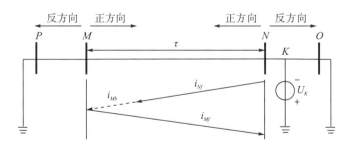

图 3.23　区外故障时行波传输过程

由图 3.23 分析可知，若故障后 N 端前行波电流 i_{Nf} 到达时间为 t，则 N 端理论上在 $[t,t+2\tau]$ 内无法检测到反行波电流 i_{Nb}，但 M 端能检测到反行波电流 i_{Mb}。

综上分析可知，区内故障时，在故障后 $[t,t+\tau]$ 内，线路两端都能检测到反行波电流，由于线路长度限制，线路的衰减有限，两端的幅值相差很小；区外故障时，在故障后

$[t,t+2\tau]$内，近故障端母线处不能检测到反行波电流，但另一端能检测到反行波电流，且幅值相差较大，可将线路两端的能量差异作为区内外故障识别的特征。两端反行波电流的计算公式为

$$
\begin{cases}
i_{Mb} = -i_M + \dfrac{u_M}{Z_c} \\[2mm]
i_{Nb} = -i_N + \dfrac{u_N}{Z_c}
\end{cases}
\tag{3-20}
$$

式中，Z_c 为线路波阻抗；u_M、u_N、i_M、i_N 分别为两端的电压、电流。

3.3.2 特征提取

采集线路两端的原始电压和电流数据进行电气解耦，选取同向 1 模量电压和电流计算反行波模量电流，使用小波分解将反行波模量电流分解为 6 层，计算各层在故障后$[\tau,2\tau)$内的小波能量值，然后在对应尺度下计算两端的小波能量比值，将其构造成训练样本，训练支持向量机模型进行故障识别。

1. 小波分解

小波分解本质上是高低频双通道滤波过程，分解过程如图 3.24 示。信号 X 经过一次小波分解，得到的主体信号为 A_1（低频部分）和细节信号 D_1（高频部分），保存 D_1。将 A_1 再次分解，得到 A_2 和 D_2，保存 D_2。重复该过程，可以得到 A_n 和 $D_1,D_2,\cdots,D_n$[52]。小波分解后每层的输出频率是上一层频率的 1/2，若信号频率为 f_s，则第 n 层分解时得到的信号频带为$[f_s/2^{n+1},\ f_s/2^n]$。

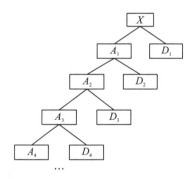

图 3.24 小波分解过程

2. 反行波电流分析

1）单回线路故障

区内 L_2 线路上 A、B 两相故障后，两端在$[\tau,\ 2\tau)$内的反行波电流相关波形如图 3.25～图 3.27 所示。

　　由图 3.25 可以看出，单回线路故障时，在[τ,2τ) 内两端都能够检测到反行波；对比图 3.26 和图 3.27 可知，反行波电流分解后，相同尺度下两端的电流幅值差异很小，能量差异也很小。

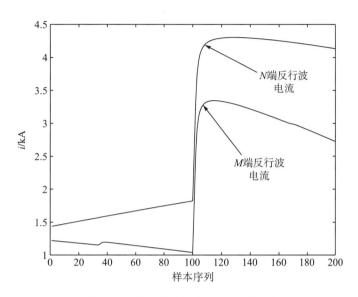

图 3.25　单回线路故障两端电流波形

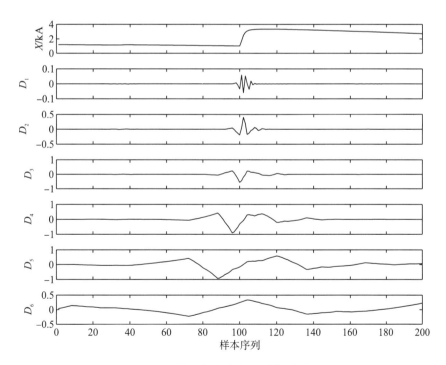

图 3.26　单回线路故障 M 端相关波形

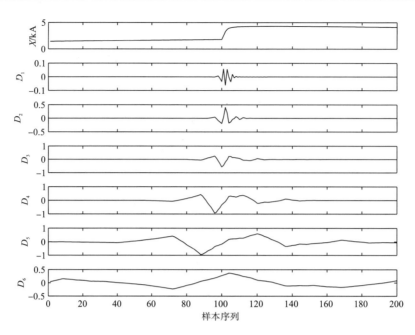

图 3.27　单回线路故障 N 端相关波形

2) 同名相跨线故障

区内 L_1 线路上 A 相和 L_2 线路上 A 相故障后，两端在$[\tau,2\tau)$内的反行波电流相关波形如图 3.28～图 3.30 所示。由图 3.28 可以看出，同名相跨线故障时，在$[\tau,2\tau)$内两端都能够检测到反行波；对比图 3.29 和图 3.30 可知，反行波电流分解后，相同尺度上两端的电流幅值差异很小，能量差异也很小。

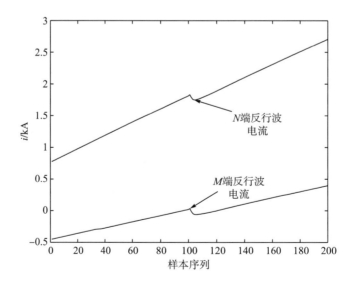

图 3.28　同名相跨线故障两端电流波形

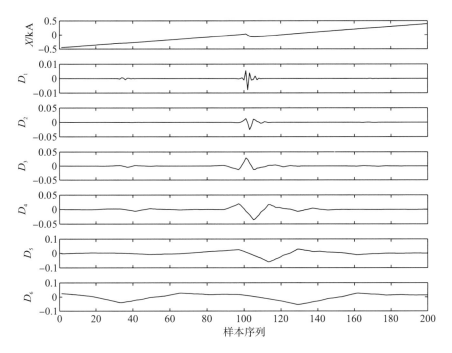

图 3.29 同名相跨线故障 M 端相关波形

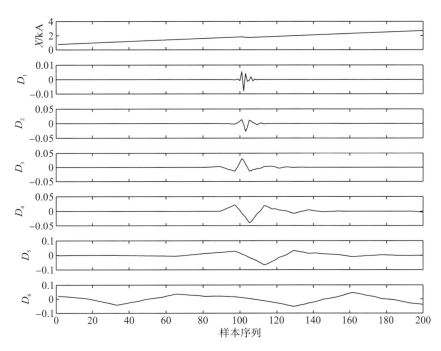

图 3.30 同名相跨线故障 N 端相关波形

3) 区外故障

区外线路上 A、B 两相故障后，两端在$[\tau,2\tau)$内的反行波电流相关波形如图 3.31～图 3.33 所示。

由图 3.31 可以看出，区外故障时，在[τ,2τ)内只有一端母线能够检测到反行波，另一端母线不能检测到反行波；对比图 3.32 和图 3.33 可知，反行波电流分解后，相同尺度上两端的电流幅值差异很大，能量差异也很大。

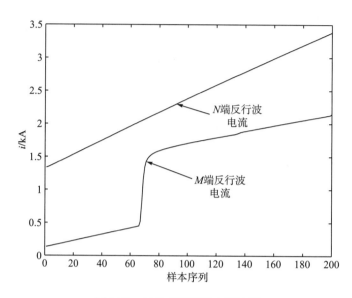

图 3.31　区外故障两端电流波形

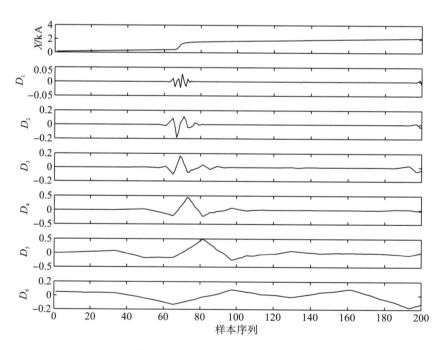

图 3.32　区外故障 M 端相关波形

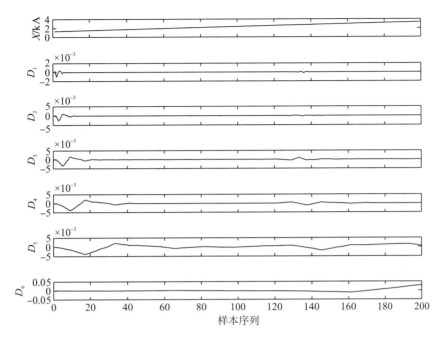

图 3.33　区外故障 N 端相关波形

综上所述，区内故障时，两端对应尺度上的能量相差不大；而区外故障时，两端对应尺度的能量差异较大，可以将其作为区内外故障识别的特征量。

3. 故障特征提取

小波分解将原始信号分解到各个层级之上，每一层都代表特定的频率端范围，包含着大量的故障信息，且不存在频带重叠。某层级的小波能量值定义为该层级时间轴上的小波变换系数平方的积分[151,152]，计算公式如下：

$$\begin{cases} E_{Mn} = \int_{t_0+\tau}^{t_0+2\tau} \left| W_{Mn}(t) \right|^2 \\ E_{Nn} = \int_{t_0+\tau}^{t_0+2\tau} \left| W_{Nn}(t) \right|^2 \end{cases} \tag{3-21}$$

式中，两端第 n 层的小波能量值为 E_{Mn}、E_{Nn}；两端第 n 层的小波变换系数为 $W_{Mn}(t)$、$W_{Nn}(t)$。故障起始时刻为 t_0；M 端传播至 N 端的时间为 τ，根据线路长度及行波传播速度，取值为 1ms。

将反行波模量电流分解为 6 层，得到 6 个小波能量。P_n 为第 n 层的反行波电流能量比，该频带的小波能量比计算公式为

$$P_n = \frac{\max\left(E_{Mn}, E_{Nn}\right)}{\min\left(E_{Mn}, E_{Nn}\right)} \tag{3-22}$$

则有能量比序列 $P=[P_1, P_2, \cdots, P_n, \cdots]$，最后将序列 P 输入支持向量机模型进行区内外故障识别。

3.3.3 基于支持向量机的故障识别算法

1. SMOTE 算法

SMOTE 算法是平衡样本的方法之一，它通过随机线性插值的方式在邻近的少数类样本间增加样本数量，达到样本平衡的目的。

设 $p_i = [x_{i1}, x_{i2}, \cdots, x_{in}]^{\mathrm{T}}$ 为少数类样本，n 为其属性数，k 近邻法用于找出 p_i 的 k 个相邻样本，若其中含有多数类的样本，则放弃该样本[153]。从 k 个邻近样本中取 l ($l < k$) 个样本，对于 l 中的任一样本 p_j，根据式(3-23)合成新样本：

$$p_j' = p_i + \mathrm{rand}(0,1) \times (p_j - p_i) \tag{3-23}$$

式中，$\mathrm{rand}(0,1)$ 为 0~1 的随机数；p_j' 为新增的少数类的样本，$j = 1, 2, \cdots, l$。

2. 故障识别流程

具体的故障识别流程如图 3.34 所示。线路故障后，提取两端的原始电压和电流数据进行电气解耦，选取同向 1 模量电压和电流计算两端的反行波模量电流；将两端的反行波模量电流用小波分解分解为 6 层，再计算故障后[τ, 2τ)内各层的小波能量值，最后计算同一层上的小波能量之比；提取小波能量比$[P_1, P_2, P_3, P_4, P_5, P_6]$作为特征向量，经 SMOTE 算法平衡样本后，训练支持向量机模型实现区内外故障的识别。

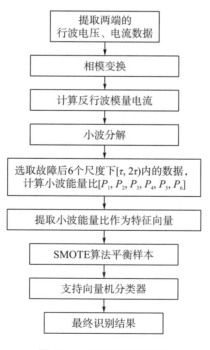

图 3.34 故障识别流程图

3.3.4 仿真验证

1. 训练集的构成

改变故障初始角、故障类型等故障条件进行区内外故障仿真，得到 1170 组区内样本和 110 组区外样本。采集两端的原始电压和电流数据，经解耦后计算各自的反行波模量电流，将反行波模量电流进行小波分解，分解层数为 6，然后计算各层在故障后 $[\tau, 2\tau)$ 内的小波能量比值作为特征数据。

2. 模型训练与测试

1）模型训练

将采集到的训练样本用于支持向量机(SVM)模型的训练，训练结果如图 3.35 所示，说明该支持向量机模型能准确识别区内外故障。

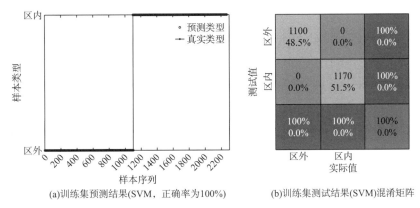

(a)训练集预测结果(SVM，正确率为100%)　　(b)训练集测试结果(SVM)混淆矩阵

图 3.35　训练集测试结果

2）模型测试

为检验该方法在不同故障类型、故障初始角和过渡电阻下的识别性能，改变故障类型，在不同故障初始角和过渡电阻条件下采集故障数据进行测试，测试结果如图 3.36 所示。

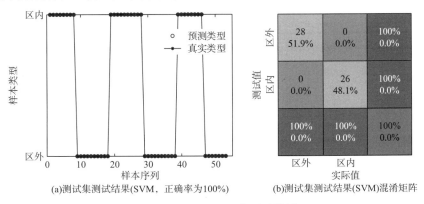

(a)测试集测试结果(SVM，正确率为100%)　　(b)测试集测试结果(SVM)混淆矩阵

图 3.36　不同工况下的测试结果

第 1～18 个样本是不同故障类型时的故障数据，故障参数如表 3.7 所示；第 19～38 个样本是不同故障初始角时的故障数据，故障参数如表 3.8 所示；第 39～54 个样本是不同过渡电阻时的故障数据，故障参数如表 3.9 所示。

表 3.7　不同故障类型下的测试结果

故障区间	故障初始角/(°)	过渡电阻/Ω	故障类型	识别结果
区内故障距离 N 端 250km	60	300	1AG	区内故障
			1BCG	
			2ABCG	
			1C2CG	
			1AB2C	
			1AB2ABG	
			1BC2BC	
			1ABC2ABCG	
区外故障距离 N 端 50km	30	100	AG	区外故障
			BCG	
			AC	
			ABCG	
			ABC	
区外故障距离 N 端 100km	60	300	AG	区外故障
			BCG	
			AC	
			ABCG	
			ABC	

表 3.8　不同故障初始角下的测试结果

故障区间	故障类型	过渡电阻/Ω	故障初始角/(°)	识别结果
区内故障距离 N 端 150km	1B2CG	100	5	区内故障
			15	
			30	
			60	
			120	
区内故障距离 N 端 200km	1ABC2BCG	300	5	区内故障
			15	
			30	
			60	
			120	
区外故障距离 N 端 50km	AG	100	5	区外故障
			15	
			30	
			60	
			120	

续表

故障区间	故障类型	过渡电阻/Ω	故障初始角/(°)	识别结果
区外故障距离 N 端 200km	BCG	300	5 15 30 60 120	区外故障

表 3.9　不同过渡电阻下的测试结果

故障区间	故障类型	故障初始角/(°)	过渡电阻/Ω	识别结果
区内距离 N 端 150km	1BCG	45	0 100 300 500	区内故障
区内距离 N 端 250km	1AC2BG	90	0 100 300 500	区内故障
区外距离 N 端 50km	ABCG	45	0 100 300 500	区外故障
区外距离 N 端 100km	BCG	90	0 100 300 500	区外故障

分析表 3.7～表 3.9 可知，该算法能够免受故障类型、过渡电阻和故障初始角等条件的影响，能够准确地识别区内外故障。

3.3.5　算法性能分析

1. 抗 CT 饱和性能

在 M 端 CT 饱和的故障条件下进行数据仿真，将实验所得的区内外故障数据输入支持向量机模型中进行测试，测试结果如表 3.10 所示。可以看出，支持向量机模型在 CT 饱和的情况下依然能对不同条件下的区内外故障准确识别。

表 3.10　抗 CT 饱和测试结果

故障区间	故障类型	故障初始角/(°)	过渡电阻/Ω	与 N 端距离/km	识别结果
区内故障	2BCG	15	0	100	区内故障
	1A2BCG	30	100	150	
区外故障	BCG	60	300	50	区外故障
	AG	120	500	100	

2. 抗噪声性能

另取电流数据，加入噪声信号，使得信噪比 SNR 为 40dB、50dB、60dB、70dB。提取特征数据，输入支持向量机模型进行故障识别，识别结果如表 3.11 所示。由表中数据可知，在信噪比 SNR 为 40dB 时，也能对不同故障条件下的区内外故障进行识别，抗噪性能较好。

表 3.11　抗噪声性能测试结果

故障区间	故障类型	故障初始角/(°)	过渡电阻/Ω	SNR/dB	识别结果
区内故障	1A2BCG	60	200	40	区内故障
				50	
				60	
				70	
区外故障	BCG	90	300	40	区外故障
				50	
				60	
				70	

3. 故障位置的影响

以区内 B 相同名相故障为例，通过在线路上不同位置设置故障点，采集故障数据进行故障识别，识别结果如表 3.12 所示，可以看出改变故障发生的位置不会影响该方法对故障的识别效果。该方法不受故障位置的影响，能保护线路全长。

表 3.12　故障位置测试结果

故障区间	故障类型	过渡电阻/Ω	故障初始角/(°)	故障位置与 N 端距离/km	识别结果
区内故障	1B2BG	300	60	2	区内故障
				5	
				10	
				50	
				100	
				280	
				299	

3.4　基于波形相似度的同杆双回线路故障识别

本节通过分析故障后线路的波形关系，提出基于波形相似度的同杆双回线路故障识别方法；通过计算近故障端前行波电流和远故障端反行波电流的波形的余弦相关度系数，用滑动窗方式提取相关度系数作为特征数据，输入概率神经网络 (PNN) 模型进行故障识别。

3.4.1　波形相似度分析

1. 区外故障波形分析

当区外 K_2 处故障时，前/反行波的传播过程如图 3.37 所示。故障后，故障行波首先传播至近故障端 N 端，成为 N 端的前行波电流 i_{Nf}；随后沿线路向远故障端 M 端传播，变成 M 端的反行波电流 i_{Mb}。然后在 M 端边界反射后变成 M 端的前行波电流 i_{Mf}，且再次向 N 端传播，再次传播至 N 端。行波在 M 端传播至 N 端的时间为 τ。

分析前/反行波的传播过程可知：区外故障时，近故障端先检测到故障前行波，随后，远故障端检测到故障反行波。因线路均匀性未遭受破坏，行波在线路中不发生折射或者反射，而这两种行波理论上为相同信号，因此波形相关度比较高。

2. 区内故障波形分析

当区内 K_1 处故障时，前/反行波的传播过程如图 3.38 所示。故障后，近故障端 N 端先检测到反行波电流 i_{Nb}，随后远故障端 M 端检测到反行波电流 i_{Mb}，经两侧边界反射分别得到前行波电流 i_{Mf} 和 i_{Nf}，经过 $2\tau_M$ 和 $2\tau_N$ 两端再次检测反射后的 i_{Mb} 和 i_{Nb}。

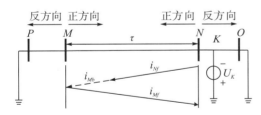

图 3.37　区外故障时行波传输过程

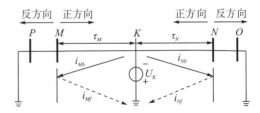

图 3.38　区内故障时行波传输过程

分析前/反行波的传播过程可知：区内故障时，传播至两端的反行波由同一信号产生，具有一定的相关度，但近故障端前行波是由近故障端反行波经边界反射得到，近故障端前行波和远故障端反行波之间的波形相关程度较低。

综上分析可知：区外故障时，近故障端前行波电流波形和远故障端行波电流波形相关度高；区内故障时，近故障端前行波电流和远故障端反行波电流的波形相关度低。前行波和反行波的计算公式如式(3-24)所示：

$$
\begin{cases}
i_{Mf} = i_M + u_M / Z_c \\
i_{Mb} = -i_M + u_M / Z_c \\
i_{Nf} = i_N + u_N / Z_c \\
i_{Nb} = -i_N + u_N / Z_c
\end{cases}
\tag{3-24}
$$

式中，i_{Mf}、i_{Nf} 为两端的前行波电流；i_{Mb}、i_{Nb} 为两端的反行波电流；u_M、u_N 为两端的电压；i_M、i_N 为两端的电流；Z_c 为线路上的波阻抗。

3.4.2 基于波形相似度的故障识别方法

提取近故障端前行波电流和远故障端反行波电流在故障点后一段时间内的数据，用固定长度的滑动窗以固定的步长计算这两个数据的余弦相关度系数，将提取的相关度系数作为特征数据输入 PNN 模型进行区内外故障识别。

1. 算法介绍

余弦相关度在反映数据变化趋势上有明显的优势，它从几何空间角度，以余弦值大小衡量两条数据的相关程度[154]，计算公式如下：

$$
R(x,y) = \frac{\sum_{i=1}^{n} x_i y_i}{\sqrt{\sum_{i=1}^{n} x_i^2} \sqrt{\sum_{i=1}^{n} y_i^2}}
\tag{3-25}
$$

式中，x、y 分别为长度为 n 的两个变量；$R(x,y)$ 为余弦相关度系数，大小为[-1,1]的值，取正值时两条数据的相关度高，取负值时两条数据的相关度低，取零值时两条数据没有关系。

2. 区内外故障仿真分析

为验证分析的正确性，对区内和区外故障中的经典故障进行电流波形分析。

1) 单回线路故障

图 3.39 为区内线路 L_1 上在距 N 端 150km 处发生 A、B 相故障时的行波电流波形，其故障初始角设置成 60°，过渡电阻设置成 200Ω。

2) 同名相跨线故障

图 3.40 为区内 L_1 与 L_2 线路在距 N 端 150km 处 A、B、C 三相发生同名相跨线故障时的行波电流波形，其故障初始角为 90°，过渡电阻为 200Ω。

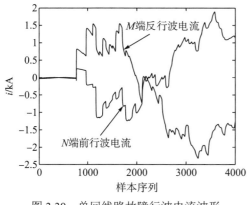

图 3.39 　单回线路故障行波电流波形

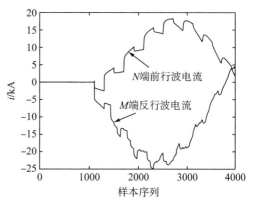

图 3.40 　同名相跨线故障行波电流波形

3）非同名相跨线故障

图 3.41 为区内线路上距 N 端 150km 处 L_1 线路的 B 相与 L_2 线路的 A、C 相发生跨线故障时的行波电流波形，其故障初始角设置成 5°，过渡电阻设置成 200Ω。

对比图 3.39～图 3.41 发现，故障后近故障端 N 端的前行波电流波形和远故障端 M 端的反行波电流波形的相关度较低，且波形的相关度会随着时间变化。

4）区外故障

图 3.42 为区外线路上在距 N 端 100km 发生 A、C 相故障时的行波电流波形，其故障初始角设置成 45°，过渡电阻设置成 200Ω。由图 3.42 可以看出，故障后近故障端 N 端的前行波电流波形和远故障端 M 端的反行波电流波形相关度高，且波形相关度不随行波时间而改变。

综上分析可知，区内故障时，近故障端前行波电流波形和远故障端反行电流波波形相关度低；区外故障时，近故障端前行波电流波形和远故障端反行波电流波形相关度高。证明了 3.4.1 节理论分析部分的正确性，表明可以用波形相关度系数作为特征向量进行故障识别。

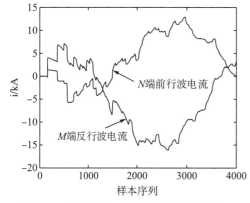

图 3.41 　非同名相跨线故障行波电流波形

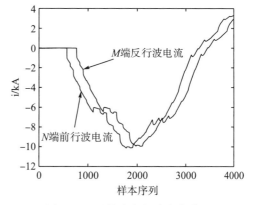

图 3.42 　区外故障行波电流波形

3. 故障特征提取

故障后，提取线路两端的原始电压和电流数据，用故障后的数据减去故障前的数据，分别得到电压和电流的暂态量。然后计算两端的前行波和反行波电流，提取相关度系数作为特征数据。

通过 3.4.2 节第二部分的仿真波形可知：在故障后 1/2 周期内的数据中含有丰富的故障信息，综合考虑保护要求，选取故障后 1/4 周期内的数据提取特征数据用于故障识别。用余弦相关度系数衡量近故障端前行波电流和远故障端反行波电流之间的相关度。对故障后 5ms 长度的数据使用 2ms 窗宽的滑动窗，以 0.5ms 为步长提取相关度特征，组成特征维数为 6 的特征向量 $R=[R_1, R_2, \cdots, R_6]$ 输入 PNN 模型中进行区内外故障识别。

4. 故障识别流程

基于波形相似度的故障识别流程如图 3.43 所示：故障后，提取线路两端的原始电压和电流数据计算其暂态量，电气解耦后选择同向 1 模量电流计算两端的前行波和反行波电流；利用余弦相似度衡量近故障端前行波和远故障端反行波的相关度，用滑动窗方法提取余弦相关度系数作为特征数据；将得到的区内外故障样本输入 PNN 模型进行训练和测试。

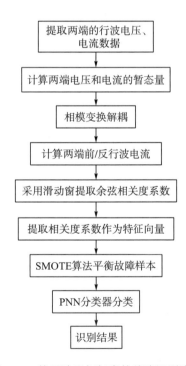

图 3.43　基于波形相似度的故障识别流程

3.4.3　仿真验证

1. 训练集的构成

为尽可能地对故障特性进行分析，对所有能够进行电气识别的所有故障类型进行仿真，包括 117 种区内故障和 11 种区外故障。在每种故障下，设置 10 组不同故障初始角，得到 1170 组区内故障样本和 110 种区外故障样本。使用 SMOTE 算法平衡样本后训练 PNN 模型。

2. 模型训练与测试

1）训练结果

将训练样本输入 PNN 模型进行测试，测试结果如图 3.44 所示。从图 3.44 中可以看出，该分类器模型能够正确地进行故障识别。

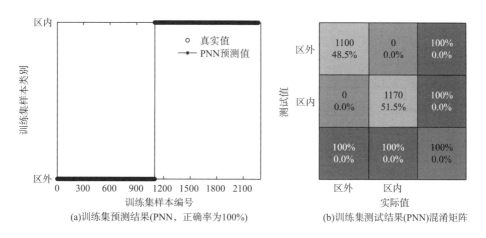

图 3.44　训练集测试结果

2）测试结果

为检验该方法在不同故障类型、故障初始角和过渡电阻下的识别性能，改变故障类型，在不同故障初始角和过渡电阻条件下采集故障数据进行测试，测试结果如图 3.45 所示。

第 1~18 个样本是不同故障类型时的故障数据，故障参数如表 3.13 所示；第 19~38 个样本是不同故障初始角时的故障数据，故障参数如表 3.14 所示；第 39~54 个样本是不同过渡电阻时的故障数据，故障参数如表 3.15 所示。

表 3.13　不同故障类型时的识别结果

故障区间	故障初始角/(°)	过渡电阻/Ω	故障类型	识别结果
区内故障距离 N 端 250km	60	300	1AG 1BCG	区内故障
区内故障距离 N 端 250km	60	300	2ABCG 1C2CG 1AB2C 1AB2ABG 1BC2BC 1ABC2ABCG	区内故障
区外故障距离 N 端 50km	30	100	AG BCG AC ABCG ABC	区外故障
区外故障距离 N 端 100km	60	300	AG BCG AC ABCG ABC	区外故障

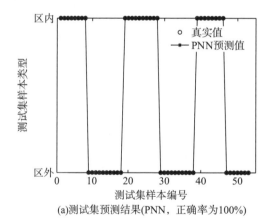

(a)测试集预测结果(PNN，正确率为100%)

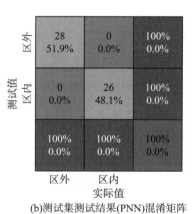

(b)测试集测试结果(PNN)混淆矩阵

图 3.45　不同工况下的测试结果

表 3.14　不同故障初始角时的识别结果

故障区间	故障类型	过渡电阻/Ω	故障初始角/(°)	识别结果
区内故障距离 N 端 150km	1B2CG	100	5 15 30 60 120	区内故障

续表

故障区间	故障类型	过渡电阻/Ω	故障初始角/(°)	识别结果
区内故障距离 N 端 200km	1ABC2BCG	300	5 15 30 60 120	区内故障
区外故障距离 N 端 50km	AG	100	5 15 30 60 120	区外故障
区外故障距离 N 端 200km	BCG	300	5 15 30 60 120	区外故障

表 3.15　不同过渡电阻时的识别结果

故障区间	故障类型	故障初始角/(°)	过渡电阻/Ω	识别结果
区内故障距离 N 端 150km	1BCG	45	0 100 300 500	区内故障
区内故障距离 N 端 250km	1AC2BG	90	0 100 300 500	区内故障
区外故障距离 N 端 50km	ABCG	45	0 100 300 500	区外故障
区外故障距离 N 端 100km	BCG	90	0 100 300 500	区外故障

分析表 3.13～表 3.15 可知，该算法能够免受故障类型、过渡电阻和故障初始角等条件的影响，能够准确识别区内外故障。

3.4.4　性能分析

1. 抗 CT 饱和性能

在 M 端加上 CT 饱和故障，在不同故障条件下采集故障数据输入 PNN 模型进行故障识别，测试结果如表 3.16 所示。由测试结果可知，该算法有很好的抗 CT 饱和的性能。

表 3.16　抗 CT 饱和测试结果

故障区间	故障类型	故障初始角/(°)	过渡电阻/Ω	与 N 端距离/km	识别结果
区内故障	2BCG	15	0	100	区内故障
	1A2BCG	30	100	150	
区外故障	BCG	60	300	50	区外故障
	AG	120	500	100	

2. 抗噪声性能

在实际的线路运行中，存在大量噪声干扰，为此需要进行噪声实验。避开样本重合，采集故障电压和电流数据，加入噪声信号，在信噪比分别为 30dB、40dB、50dB、60dB 时提取相关度特征数据，输入 PNN 模型中进行测试，测试结果如表 3.17 所示。由表中数据可知，在信噪比为 30dB 的情况下，该方法能够准确识别区内外故障，具有较好的抗噪性能。

表 3.17　抗噪声性能测试结果

故障区间	故障类型	故障初始角/(°)	过渡电阻/Ω	SNR/dB	识别结果
区内故障	1A2BCG	60	200	30	区内故障
				40	
				50	
				60	
区外故障	BCG	90	300	30	区外故障
				40	
				50	
				60	

3. 故障位置的影响

传统的保护算法存在一定的保护死区，为探究该方法的保护性能，对 B 相同名相故障进行不同位置的仿真分析，表 3.18 为故障仿真得到的测试结果。由表中数据可以看出，当故障位置靠近线路两端母线时，该方法依然可以识别区内外故障，能够对整条线路进行保护，不受故障位置的影响。

表 3.18　故障位置测试结果

故障区间	故障类型	过渡电阻/Ω	故障初始角/(°)	与 N 端距离/km	识别结果
区内故障	1B2BG	300	60	2 5 10 50 100 280 299	区内故障

3.4.5　对比实验

为了测试本节所提三种同杆双回线路故障识别算法的性能,下面分别从速动性、抗干扰性和稳定性等方面与现有同杆双回线路故障识别算法进行对比分析。

1. 速动性对比

速动性是衡量输电线路保护算法的一个重要因素,它关系着如何在故障后快速切除故障线路。下面就本节故障识别算法与现有故障识别算法进行速动性对比,由于三种算法都使用了双端数据,需要计算数据传播时间,行波速度按照光速计算,两母线之间相距 300km,耗时约 0.1ms。实验平台参数如表 3.19 所示。

表 3.19　实验平台

项目	参数
系统版本	Windows 10 家庭版 64 位
CPU	Intel Core i5 7th
处理速度	2.5GHz
内存(RAM)	8GB

3.2 节基于 MRSVD-RF 的同杆双回线路故障识别方法,原始数据长度为 0.2ms,原始数据提取的时间为 0.334ms,6 层多分辨奇异值分解的时间为 8.998ms,积分运算时间为 0.17ms,用随机森林模型分类的时间为 9.68ms。则该算法需要的总时间为

$$T_{sum}=0.1+0.2+0.334+8.998+0.17+9.68=19.482\,(\text{ms})$$

3.3 节基于小波能量比的同杆双回线路故障识别方法,原始数据长度为 0.2ms,原始数据提取的时间为 1.03ms,小波分解与重构时间为 183.49ms,计算能量比的时间为 1.965ms,用支持向量机模型分类的时间为 3.58ms。则该算法需要的总时间为

$$T_{sum}=0.1+0.2+1.03+183.49+1.965+3.58=190.365\,(\text{ms})$$

3.4 节基于波形相似度的同杆双回线路故障识别方法,原始数据长度为 1ms,原始数据提取的时间为 5.363ms,计算余弦相似度的时间为 56.95ms,用 PNN 模型分类的时间为 6.56ms。则该算法需要的总时间为

$$T_\text{sum}=0.1+1+5.363+56.95+6.56=69.973\,(\text{ms})$$

文献[17]利用区内外故障在故障时刻两端相位差的差异进行故障识别,原始数据长度为 0ms,数据提取时间为 0ms,S 变换时间为 3.98ms,计算波阻抗的时间为 0.356ms。则该算法需要的总时间为

$$T_\text{sum}=3.98+0.356=4.336\,(\text{ms})$$

文献[136]利用综合和波阻抗与综合差波阻抗在区内外故障时表现的差异进行故障识别,原始数据长度为 0.1ms,数据提取时间为 0.452ms,S 变换时间为 3.98ms,计算波阻抗的时间为 1.5ms,由于使用的是单端数据,无须计算对端数据的传输时间。则该算法需要的总时间为

$$T_\text{sum}=0.1+0.452+3.98+1.5=6.032\,(\text{ms})$$

对比几种方法的用时可知,本节提出的同杆双回线路故障识别方法在识别速度上,与文献[17]和文献[136]相比还存在一定的不足。但计算机技术的进步会对本节算法速度的提升产生巨大的推动,具有可实现前景。

2. 抗干扰对比

由于输电线路的架设环境恶劣,在实际运行过程中往往会存在较多的干扰因素,不利于故障特性分析。因此,要求同杆双回线路故障识别算法必须要有较强的抗干扰能力。现对本节所提三种同杆双回线路故障识别算法与现有的同杆双回线路故障识别算法进行抗干扰性能分析。控制故障条件,仿真数据如表 3.20 所示。

表 3.20　噪声对不同算法的影响测试

故障条件	不同算法	信噪比/dB	识别结果
距 N 端母线 150km 处 1 回线 A 相与 2 回线 B 相接地故障;过渡电阻 50Ω;故障初始角 90°	MRSVD-RF 算法	20	部分识别失败
		30	区内故障
		40	区内故障
	小波能量比算法	20	识别失败
		30	部分识别失败
		40	区内故障
	波形相似度算法	20	部分识别失败
		30	区内故障
		40	区内故障
	文献[17]的算法	20	识别失败
		30	识别失败
		40	部分识别失败
	文献[136]的算法	20	区内故障
		30	区内故障
		40	区内故障

故障条件	不同算法	信噪比/dB	识别结果
距 N 端母线 250km 处 2 回线 A、C 相接地故障；过渡电阻 300Ω；故障初始角 45°	MRSVD-RF 算法	20	部分识别失败
		30	区内故障
		40	区内故障
	小波能量比算法	20	识别失败
		30	部分识别失败
		40	区内故障
	波形相似度算法	20	识别失败
		30	区内故障
		40	区内故障
	文献[17]的算法	20	识别失败
		30	识别失败
		40	部分识别失败
	文献[136]的算法	20	区内故障
		30	区内故障
		40	区内故障

从表 3.20 中可知，基于 MRSVD-RF 的故障识别算法在 20dB 时，部分故障开始不能识别；基于小波能量比的故障识别算法在 30dB 时，部分故障开始不能识别；基于波形相似度的故障识别算法在 20dB 时，部分故障开始不能识别；文献[17]的故障识别算法在 30dB 时，部分故障开始不能识别；文献[136]的故障识别方法在 20dB 时，依然能够准确识别。表明当加入噪声信号达到某些信噪比时，有些算法就不能对全部故障进行准确的识别。

比较表 3.20 中的几种故障识别算法在不同故障条件和不同噪声影响下的故障识别结果可知，虽然本节提出的几种故障识别算法在抗噪性能上低于文献[136]中的故障识别算法，但明显优于文献[17]中的故障识别算法；几种算法的抗干扰能力排序如下：文献[136]的故障识别算法最强，基于波形相似度的故障识别算法次之，基于 MRSVD-RF 的故障识别算法较强，基于小波能量比的故障识别算法较弱，文献[17]的故障识别算法最弱。

3. 稳定性对比

本节三种算法都能对所有的故障类型进行识别。基于波形相似度的故障识别算法以整体波形作为特征，稳定性最强。基于 MRSVD-RF 的故障识别算法利用故障后电流变化方向作为特征向量，引入随机森林进行区内外故障区分，不受线路衰减的影响。基于小波能量比和基于波形相似度的同杆双回线路故障识别算法受线路衰减的影响，保护稳定性略低于基于 MRSVD-RF 的故障识别算法。文献[17]的算法因行波相位差的取值为 $[0,\pi]$，存在一半死区；文献[136]的算法对跨线故障无法识别，存在较大死区。

通过对几种故障识别算法的速动性、抗干扰性和稳定性进行对比，发现文献[17]和文献[136]中的算法在速动性上有优秀的表现，但在抗干扰性和稳定性上存在一定的问题。

综合几个指标得出：基于波形相似度的算法的综合性能最好，抗干扰能力和稳定性最好，明显优于其他几种算法。

3.5 基于多任务学习的同杆双回线路故障选相

本节利用深度学习的特征学习能力，建立多任务特征共享网络，提出适用于同杆双回线路的故障选相算法。将同杆双回线路故障前后各相的电流数据拼接为一维信号，作为多特征共享网络的输入信号，通过多个任务之间的联合训练，完成同杆双回线路的故障选相任务。

3.5.1 数据生成与标签建立

1. 时序数据生成

1D-CNN 和 Bi-LSTM 的输入均为一维信号，而同杆双回线路有 6 相数据，为了满足网络的输入要求，需要对数据进行维度转换，转换为时序数据的步骤如下：

（1）使用 PSCAD 建立如图 3.6 所示线路模型，参考实际线路参数进行模型参数设置，设定的仿真时长为 0.16s，故障起始时间为 0.12s。

（2）遍历所有故障组合来实现故障类型仿真，在每种故障类型下改变其他故障条件，实现样本容量的扩充。

（3）在每种故障条件下采集各相的故障电流数据，共 6 个电气量的时序数据 $I=[I_{1A}, I_{1B}, I_{1C}, I_{2A}, I_{2B}, I_{2C}]$。$I_{1A}$ 代表 1 回线上的 A 相故障电流数据，其他同理可得。

2. 数据预处理

仿真得到的实现数据长度较大，不利于网络的训练。为兼顾网络训练速度和信号的完整性，从各相电流数据中截取特定长度的故障数据拼接成一维信号构成训练数据。截取故障前后共 1000 个数据点，组成 1×6000 的一维输入[155]。以 1 回线 A 相 2 回线 BC 相故障为例，数据处理前后如图 3.46 所示。

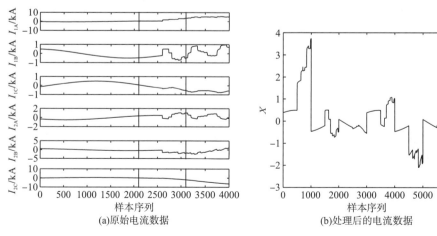

图 3.46　预处理前后的电流数据

3. 数据标签的建立

虽然同杆双回线路故障类型较多,但每种故障类型都可视为各相故障的组合。将各相分别进行索引标注,区分不同的相。用 1A 表示 1 回线上的 A 相,其他同理,如表 3.21 所示。故障显示 1,正常显示 0。若发生 1AB2C 故障,则故障标签显示为 110001。

表 3.21　输出与分类索引

输出	1A	1B	1C	2A	2B	2C
索引	1	2	3	4	5	6

3.5.2　基于多任务学习的故障选相

1D-CNN(一维卷积神经网络)擅长提取局部特征,而 Bi-LSTM(双长短期记忆网络)擅长提取全局特征。两种网络在特征提取上能够优势互补[156]。两者结合后可用于提取故障数据中的深层次特征,再通过特征共享网络完成故障选相。

同杆双回线路电气耦合严重,使得故障选相难度增加。基于此,引入多任务特征共享网络,提出基于多任务学习的同杆双回线路故障选相方法。每个任务都从原始数据中学习特征,通过多个任务之间的联合训练,共同优化模型参数,减小了单任务学习中的过拟合风险[157]。如图 3.47 所示,网络结构由输入层、特征共享层、多任务模型组成。

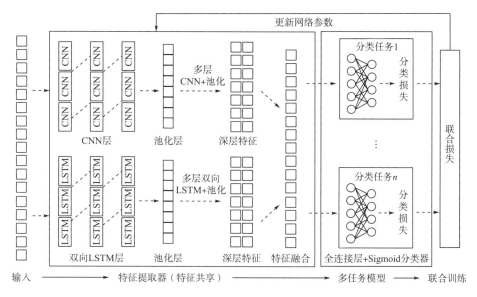

图 3.47　多任务特征共享网络结构图

(1)用 PSCAD 按照故障类型进行仿真,改变故障初始角并采集 6 相原始电流数据,提取故障点前后 1000 个数据点拼接为 1×6000 的数据,组成特征共享网络的输入。

(2)搭建基于 1D-CNN 和 Bi-LSTM 的特征提取器,特征提取器能自适应地从原始数据中提取深层次特征,可以有效避免人为特征提取产生的误差。

（3）将两种网络提取的深层次特征进行特征融合，共享至不同的任务学习模型，计算各个任务的分类损失值后进行统一反馈。

（4）将各类任务的分类损失组合起来形成联合损失函数，通过联合训练，优化联合损失值，实现多个 Sigmoid 分类器的故障识别，实现同杆双回线路的故障选相[158]。

采用有监督式的联合训练方式，以每类任务损失函数的线性加权组成联合损失函数，即其公式为

$$L = \sum_{m=1}^{M} \lambda_m L_m \tag{3-26}$$

式中，M 为任务数目，其值设定为 6；L_m 为第 m 个任务的损失函数；λ_m 为权重。

损失函数选用交叉熵损失（cross entropy loss）函数，其表达式为

$$L_{\text{class}?} = -\sum_{i=1}^{n} \hat{y}_i \ln y_i + (1 - \hat{y}_i) \ln (1 - \hat{y}_i) \tag{3-27}$$

式中，n 为样本量；$\hat{y}_i$ 为实际标签；y_i 为测试标签。

3.5.3 实验与分析

实验条件：i5-7300 处理器、16GB 内存、NVIDIA GTX 1050 Ti（显存 4GB）。编程环境：Python 3.6、Tensorflow 2.3、Keras 2.4。输入样本尺寸为 30×200，批大小（Batch-size）设置为 100，训练次数上限为 1000。

1. 网络参数设计

利用 Keras 框架建立多任务特征共享网络模型，使用 Adam 算法对网络模型进行优化。Adam 综合了动量算法与均方根反向传播算法的优势，解决了二者在梯度更新幅度及收敛速度方面存在的问题，并且能够根据训练数据自动调节长短期记忆网络（LSTM）的学习率和权重系数[159]。

联合损失函数由式（3-26）和式（3-27）得到，具体表达式为

$$L = \lambda_1 L_1 + \lambda_2 L_2 + \lambda_3 L_3 + \lambda_4 L_4 + \lambda_5 L_5 + \lambda_6 L_6 \tag{3-28}$$

式中，$L_1 \sim L_6$ 为 6 个任务的损失函数；$\lambda_1 \sim \lambda_6$ 为其对应的 6 个权重系数，因为 6 个任务是并行任务，其重要程度相同，所以将 6 个权重系数都设置为 1。多任务特征共享网络参数如表 3.22 所示。

表 3.22　输出与分类索引

模型参数	数值
3 层 Bi-LSTM 神经元数	64,64,64
4 层 1D-CNN 神经元数	128,128,128,128
优化器	Adam（lr=0.001）
分类器	Sigmoid
损失函数	binary_crossentropy

2. 模型训练与测试

1) 模型训练

利用多任务特征共享网络模型对原始故障数据进行训练，数据包括 63 种接地故障类型，每种故障类型都是 6 相单独故障的组合。设置 10 组故障初始角进行仿真，得到 630组数据。将采集的数据样本输入模型中进行训练，其联合损失函数曲线如图 3.48 所示，得到各相的分类结果如图 3.49(a)~(f)所示。从图中可知，该模型能够对训练样本中的数据进行故障选相。

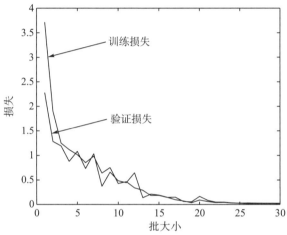

图 3.48　联合损失函数曲线

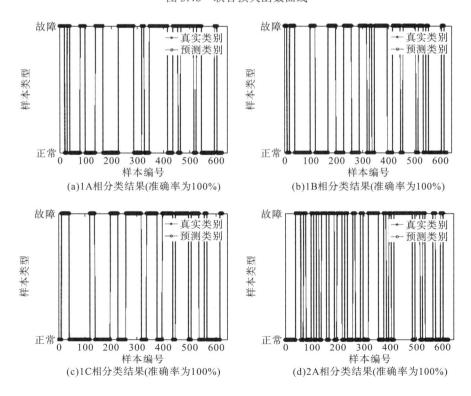

(a)1A相分类结果(准确率为100%)

(b)1B相分类结果(准确率为100%)

(c)1C相分类结果(准确率为100%)

(d)2A相分类结果(准确率为100%)

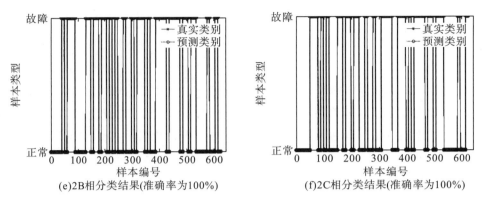

(e)2B相分类结果(准确率为100%)   (f)2C相分类结果(准确率为100%)

图 3.49   多任务模型训练结果

2) 测试结果

为验证模型的泛化性能，采集新的故障数据测试模型的选相准确性，改变故障类型、故障初始角和过渡电阻等条件，采集原始数据进行测试，测试结果如图3.50所示，具体参数如表 3.23~表 3.25 所示。

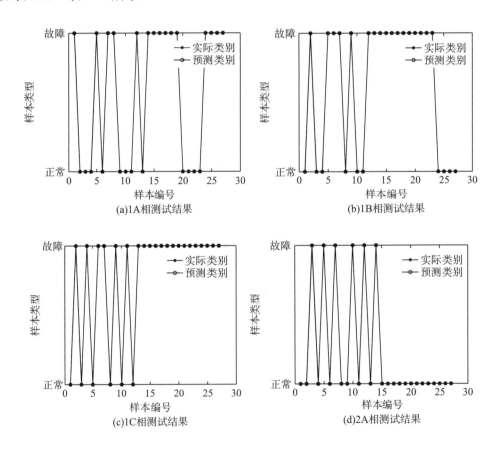

(a)1A相测试结果   (b)1B相测试结果

(c)1C相测试结果   (d)2A相测试结果

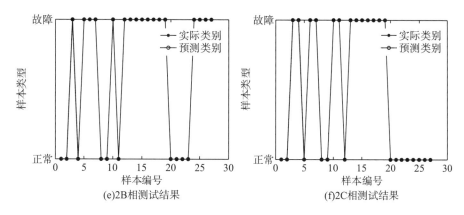

(e)2B相测试结果 (f)2C相测试结果

图 3.50 多任务模型测试结果

表 3.23 不同故障类型时的测试结果

位置	故障初始角/(°)	过渡电阻/Ω	故障类型	实际标签	预测标签
距 N 端 150/250km	90/60	300	1AG	100000	100000
			1BCG	011000	011000
			1ABCG	111000	111000
			1C2CG	001001	001001
			1AB2ABG	110110	110110
			1BC2BCG	011011	011011
			1ABC2ABCG	111111	111111

表 3.24 不同故障初始角时的测试结果

位置	故障类型	过渡电阻/Ω	故障初始角/(°)	实际标签	预测标签
距 N 端 200km	1ABC2BCG	300	5	111011	111011
			15	111011	111011
			30	111011	111011
			60	111011	111011
			120	111011	111011

表 3.25 不同过渡电阻时的测试结果

位置	故障初始角/(°)	故障类型	过渡电阻/Ω	实际标签	预测标签
距 N 端 150km	45	1BCG	0	011000	011000
			100	011000	011000
			300	011000	011000
			500	011000	011000
距 N 端 250km	90	1AC2BG	0	101010	101010
			100	101010	101010
			300	101010	101010
			500	101010	101010

分析可知,该算法能在故障类型、故障初始角和过渡电阻等条件下正确地在各相上进行故障识别,实现同杆双回线路的故障选相功能。

3. 性能分析

1) 抗噪性能

任意选取一组故障数据,加入高斯白噪声信号,使其信噪比分别为 10dB、20dB、30dB、40dB、50dB,然后进行选相测试,测试结果如表 3.26 所示。该算法在信噪比为 10dB 时,依然能够准确地进行故障选相。

表 3.26　抗噪性能测试结果

故障初始角/(°)	故障类型	过渡电阻/Ω	信噪比/dB	实际标签	预测标签
60	1AC 2ABG	200	10	101110	101110
			20	101110	101110
			30	101110	101110
			40	101110	101110
			50	101110	101110

2) 抗 CT 饱和性能

在 M 端饱和时进行数据仿真,将得到的特征数据输入多任务共享网络模型测试其抗 CT 饱和性能,测试结果如表 3.27 所示。

表 3.27　抗 CT 饱和性能测试结果

与 N 端距离/km	故障类型	故障初始角/(°)	过渡电阻/Ω	实际标签	预测标签
150	1A2BCG	30	100	100011	100011
100	2BCG	15	0	000011	000011
250	1AG	60	300	100000	100000

从表 3.27 中可以看出,该算法不受 CT 饱和情况的影响,能够准确进行故障选相,具有很好的抗 CT 饱和性能。

3) 非接地故障测试

训练样本是接地故障类型,但线路故障还包含非接地故障,为测试该算法对非接地故障的选相性能,随机设置几组非接地故障进行仿真,采集故障数据进行测试,测试结果如表 3.28 所示。分析表中数据可知,在非接地故障的情况下,该模型也能够准确地故障选相,具有良好的泛化能力。

表 3.28　非接地故障选相测试结果

与 N 端距离/km	故障类型	故障初始角/(°)	过渡电阻/Ω	实际标签	预测标签
150	1BC	45	200	011000	011000
	2ABC			000111	000111
	1AB2AB			110110	110110
	1AB2ABC			110111	110111
250	1B2C	90	400	010001	010001
	2AC			000101	000101
	1A2B			100010	100010
	1AB2AC			110101	110101

第4章 高压直流输电线路故障智能诊断方法研究

4.1 引　　言

本章围绕智能算法在 HVDC 输电线路故障诊断方面的应用展开相关研究，通过分析 HVDC 输电线路区内外故障特征和故障极特征，研究基于智能算法的 HVDC 输电线路故障诊断算法。本章内容主要包括三部分：首先，针对行波保护算法灵敏性和速动性难以兼顾的问题，根据行波传播理论和边界元件对高频信号的阻滞作用，研究基于随机森林的 HVDC 输电线路故障诊断方法；然后，利用 HVDC 输电线路边界元件对信号的衰减作用，研究基于变分模态分解(variational mode decomposition，VMD)多尺度模糊熵和 Softmax 分类器的 HVDC 输电线路故障诊断方法；最后，引入一维卷积神经网络(1-dimensional convolutional neural network，1D-CNN)，研究基于 Teager 能量算子和 1D-CNN 的 HVDC 输电线路故障诊断方法。

4.1.1 研究背景及意义

随着国民用电需求的快速增长和"西电东送"战略计划的全面开展，建设输送电压等级高、距离远、功率容量大的输供电网络是大势所趋。HVDC 输电不仅经济效益好，而且在技术上能克服交流输电容量和输电距离受网络结构和参数限制的缺点，相对于交流输电具有独特的优势，因此 HVDC 输电在实际中具有广泛的应用前景[2,3,160,161]。2019 年，我国特高压输电工程的输送电压等级已从±800kV 提升到±1100kV(昌吉—古泉特高压直流输电工程)，刷新了世界最高电压等级，输送距离长达 3000 多千米，实现了我国电力事业又一次里程碑式的跨越。但是由于 HVDC 输电的工作原理、运行方式、故障特征等与传统的交流系统都有很大的差异，也存在一些亟须解决和讨论的难题，如线路的电气故障特性不易提取、继电保护装置的耐高压能力差、保护算法对远端高阻故障诊断困难等。输电系统容易发生故障，其中，由于受复杂的输电环境以及长距离的输送路程的影响，输电线路发生故障的概率更大[162]。系统电压电流剧降、系统输送功率降低等是电力系统故障的严重后果，会严重威胁电力系统的稳定运行。因此，有必要进一步研究稳定可靠的 HVDC 输电线路故障诊断方法，以使电力系统稳定可靠运行。

4.1.2 HVDC 输电系统建模与仿真

本节在介绍 500kV HVDC 输电系统仿真模型之后，验证 HVDC 输电系统仿真模型的有效性，并分析故障行波在输电线路上的传播原理和特征，为后文分析 HVDC 输电线路故障特征提供一定的理论依据。

1. HVDC 输电系统仿真模型

在 PSCAD/EMTDC 中建立如图 4.1 所示双极 HVDC 输电系统仿真模型，i_{RP}、i_{RN} 和 i_{IP}、i_{IN} 分别为整流侧正负极电流、逆变侧正负极电流，下标 R、I 分别表示整流侧和逆变侧，P、N 分别表示正极和负极。L 表示平波电抗器，DC 表示直流滤波器，L 和 DC 模块组成 HVDC 输电系统的边界元件，如图 4.2 所示，其中，L=400mH，L_1=39.09mH，L_2=26.06mH，L_3=19.545mH，L_4=37.75mH，C_1=0.9μF，C_2=0.9μF，C_3=1.8μF，C_4=0.675μF，$F_1\sim F_7$ 为故障点，故障点与故障类型对应如表 4.1 所示。本节考虑的区内故障以直流线路单极接地故障和两极线路间短路故障为例，区外故障以平波电抗器外侧单极接地故障为例。

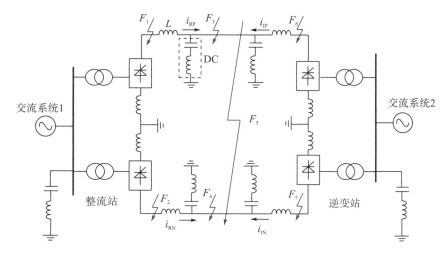

图 4.1　双极 HVDC 输电系统结构

本节模型参考国内某直流输电工程，直流线路 DC2 杆塔如图 4.3 所示，设置输电线路 1000km。模型相关参数如表 4.2 所示，换流变压器参数如表 4.3 所示，直流输电线路参数如表 4.4 所示，杆塔参数参考工程上的 G1 塔型。

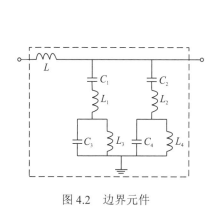

图 4.2　边界元件

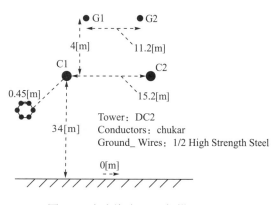

图 4.3　直流线路 DC2 杆塔

表 4.1 故障点与故障类型对应表

故障点	故障类型
F_1	整流侧区外正极故障
F_2	整流侧区外负极故障
F_3	区内正极故障
F_4	区内负极故障
F_5	两极短路故障
F_6	逆变侧区外正极故障
F_7	逆变侧区外负极故障

表 4.2 模型相关参数

参数	整流侧	逆变侧
交流侧电压/kV	525	435
系统频率/Hz	50	50
额定直流电压/kV	500	500
额定直流电流/kA	3	3
额定容量/MW	3000	3000

表 4.3 换流变压器参数

参数	整流侧	逆变侧
变压器容量/(MV·A)	891	846
变压器变比	525/209.7	525/198.9
变压器漏抗/p.u.	0.18	0.18

表 4.4 直流输电线路参数

线型	参数	数值
导线	导线半径/m	0.0203454
	直流电阻/(Ω/km)	0.02275
地线	地线半径/m	0.0055245
	直流电阻/(Ω/km)	2.8645
	地电阻率/(Ω·m)	100

2. 直流系统控制模型介绍

高压直流输电的控制系统通常采用分层结构,从上到下分成多个子系统。在本模型中,特高压直流输电控制系统包含六层结构:系统控制层、换流站控制层、双极控制层、极控制层、换流器控制层、换流阀控制层[163]。各层的控制采用单向传递的方式,高层次等级控制低层次等级,本节所采用的 HVDC 控制系统的分层控制结构如图 4.4 所示。

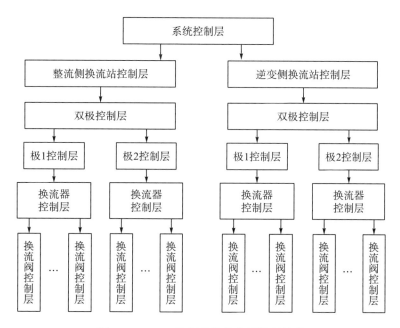

图 4.4 HVDC 控制系统的分层控制结构

HVDC 稳态运行示意图如图 4.5 所示,由稳态示意图可以得到直流输电线路电流的表达式为

$$I_d = \frac{V_{oR}\cos\alpha - V_{oI}\cos\beta}{R_{cR} + R_{dc} + R_{cI}} \tag{4-1}$$

式中,V_{oR} 为整流侧电压(kV);V_{oI} 为逆变侧电压(kV);R_{cR} 为整流侧等效阻抗;R_{dc} 为直流线路等效阻抗;R_{cI} 为逆变侧等效阻抗。

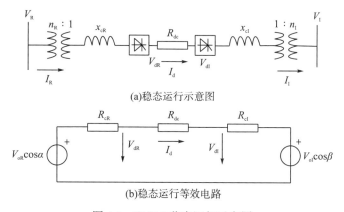

图 4.5 HVDC 稳态运行示意图

HVDC 输电系统的控制主要通过直接控制换流器的触发延迟角 α、触发超前角 β 和间接控制熄弧超前角 γ 实现。由此,从稳态运行示意图可得到整流侧的戴维南等效电路,如图 4.6 所示,逆变侧的戴维南等效电路如图 4.7(a) 和 (b) 所示。

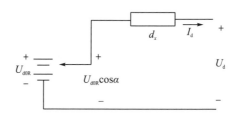

图 4.6 整流侧戴维南等效电路

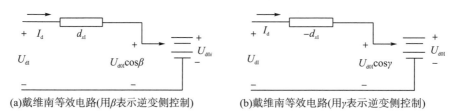

(a)戴维南等效电路(用β表示逆变侧控制)   (b)戴维南等效电路(用γ表示逆变侧控制)

图 4.7 逆变侧戴维南等效电路

由图 4.6 可得，整流侧的控制方程为

$$U_d(\alpha,\mu) = U_{d0R}\cos\alpha - d_x I_d \tag{4-2}$$

$$d_x = \frac{3\omega L_c}{\pi} \tag{4-3}$$

由图 4.7(a)可得逆变侧的控制方程为

$$U_{dI}(\beta,\mu) = U_{d0I}\cos\beta + d_{xI} I_d \tag{4-4}$$

由图 4.7(b)可得逆变侧的控制方程为

$$U_{dI}(\gamma,\mu) = U_{d0I}\cos\gamma - d_{xI} I_d \tag{4-5}$$

式中，U_{d0R} 为整流侧变压器分接头电压(kV)；U_{d0I} 为逆变侧变压器分接头电压(kV)；I_d 为直流线路电流(kA)；ω 为角速度(rad)；L_c 为单位长度电感(H)。

由于 HVDC 输电系统复杂多变，单一的变量控制不能满足其实现交直流变换的需求，因此 HVDC 输电系统一般采用协调控制的方法实现系统的最优控制。实际工程中运用的控制方式主要有四种[164]：

(1)定触发角控制，就是保持换流器的触发角为一恒定值，定 α 控制主要用于整流侧的控制，定 β 控制主要用于逆变侧的控制。

(2)定电流控制，就是通过调节直流电流调节器调节触发角 α 的大小，来控制直流电流等于其整定值，达到有效控制传输功率的效果。

(3)定功率控制，就是通过调节功率调节器保持直流输送功率稳定或者通过改变电流调节器的整定值来保持输送功率恒定。

(4)定电压控制，就是由直流电压调节器在运行中自动改变触发角的大小以保持直流电压为恒定值。

整流器的控制主要是通过整流变压器将变换后的电压/电流送入整流器后，经过低压限流环节、定电流和定最小 α 控制环节得到触发延迟角 α，实现对整流环节的有效控制。整流侧控制模型如图 4.8 所示。

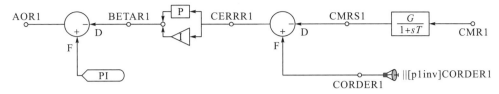

图 4.8　整流侧控制模型

在逆变侧，控制比较复杂，主要是定电压控制、定最小 α 控制、定触发超前角 β 控制以及低压限流控制相结合的控制方法。在通过 PI 调节器产生 β 的控制环节中，比较通过定电流控制得到的 β 和定熄弧角 γ 得到的 β，选取其中较大值作为最终的 β 角，达到避免换相失败，实现最优控制的目的。逆变侧的控制模型如图 4.9 所示。

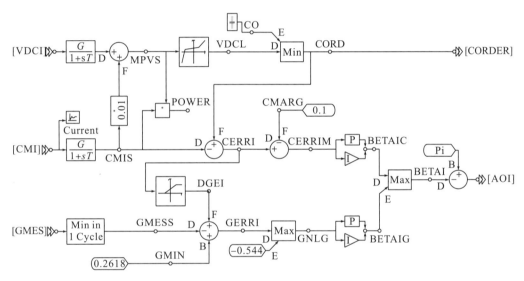

图 4.9　逆变侧控制模型

3. 故障仿真验证

高压直流输电线路的输电距离长，跨越地势险峻，工作环境恶劣，因此发生故障的概率高[8]。实际运行数据显示，输电线路故障占到整个系统故障的 50%以上，而其保护装置的正确动作率也仅有 50%，由于输电线路故障无法被正确切除会引起直流输电系统闭锁，引起不必要的直流停运[9,10]，因此直流输电线路的安全稳定运行将直接影响整个直流系统的安全可靠运行。由于模型的准确可靠性对故障诊断算法的研究至关重要，为了验证模型的准确性，本小节利用 PSCAD/EMTDC 对已搭建的 500kV 高压直流输电系统进行调试运行。

1) 正常运行

图 4.1 中 HVDC 输电系统正常运行时整流侧和逆变侧的电压/电流仿真结果如图 4.10 所示，设置仿真时长为 1s。由图 4.10 可以看出，直流输电系统从启动到稳定运行大致需

要 0.3s，0.3s 以后为系统进入稳定的额定运行状态，同时直流线路上的电压/电流均在正常的额定运行范围内。

2）整流侧交流系统故障

设置如图 4.1 所示 HVDC 输电系统在 0.5s 时整流侧交流系统发生接地故障，故障持续时间为 0.1s，此时整流侧和逆变侧的电压/电流仿真结果如图 4.11 所示。

由图 4.11 可知，A 相发生接地故障瞬间，整流侧交流系统的 A 相电压迅速下降为零，而逆变侧交流系统的故障相电压仅有轻微波动。此时直流线路上的电压/电流迅速下降，但由于控制系统的快速调控作用，直流电流的值又迅速上升，在故障持续期间由于控制系统的调控作用在一定范围内波动，故障清除后，直流电流又逐渐恢复到平稳运行值，说明控制系统建模正确。

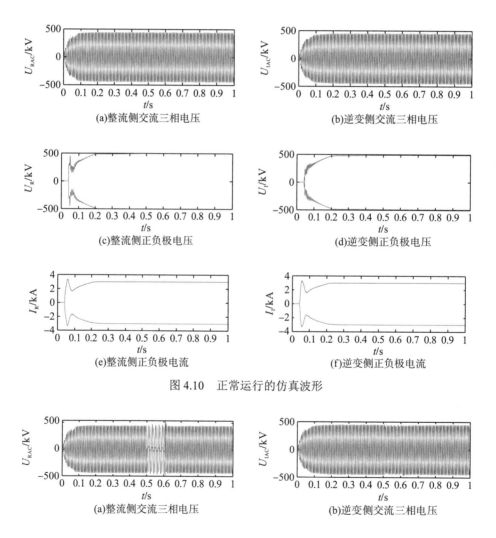

图 4.10　正常运行的仿真波形

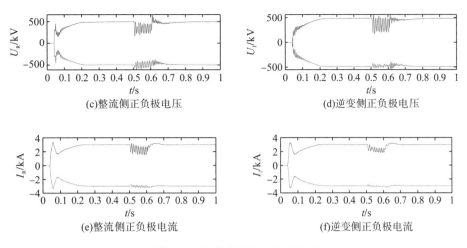

(c)整流侧正负极电压　　　　　　　　　　　　(d)逆变侧正负极电压

(e)整流侧正负极电流　　　　　　　　　　　　(f)逆变侧正负极电流

图 4.11　交流系统故障仿真波形

3）直流线路故障

由于我国地域辽阔，地理环境复杂，能源分布不均，高压直流输电需要跨越险峻的地势，导致输电线路发生故障的概率高。设置 0.5s 时如图 4.1 所示 HVDC 输电系统正极线路距整流侧换流站 400km 处发生接地故障，故障持续时间 0.05s，系统的电压/电流仿真结果如图 4.12 所示。

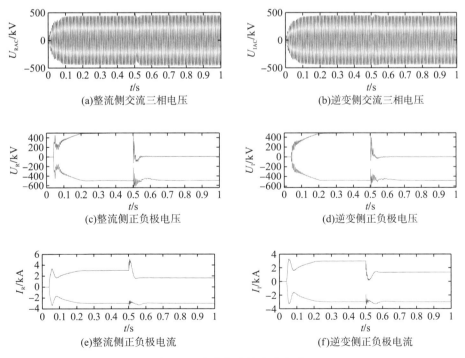

(a)整流侧交流三相电压　　　　　　　　　　　(b)逆变侧交流三相电压

(c)整流侧正负极电压　　　　　　　　　　　　(d)逆变侧正负极电压

(e)整流侧正负极电流　　　　　　　　　　　　(f)逆变侧正负极电流

图 4.12　直流线路故障仿真波形

由图 4.12 可知，当正极线路发生故障时，整流侧和逆变侧的正极电压均迅速下降，而整流侧正极电流迅速增加，逆变侧正极电流下降。故障后 0.05s 左右，故障电流在定电流控制系统的作用下，回到预先设定的整定值，负极线路的电压/电流产生一定的波动后恢复稳定运行状态。因此，对于双极直流输电系统，当某一极线路发生故障时，另外一极仍可以继续运行。

通过图 4.10～图 4.12 观察所搭建的 HVDC 输电系统正常运行状态、直流线路故障状态以及交流系统故障状态三种不同工况下的波形可知，模型仿真运行时的电压/电流值与工程实际相符，验证了所建模型的有效性。本节将在此模型的基础上，利用各类故障工况下故障暂态特征，设计故障诊断算法。

4. HVDC 输电线路故障暂态行波特征分析

1) 区内故障时的电流行波特征

当 HVDC 输电线路区内 K 点发生故障时，行波从 K 点开始沿着线路朝相反的方向传播，由于故障点 K 处的波阻抗和输电线路不一致，行波在该点会发生折射和反射。图 4.13 中，IED1、IED2 分别表示输电线路两侧安装的保护单元，α_R、α_K、α_I 分别为整流侧边界反射系数、故障点反射系数和逆变侧边界反射系数，β_K 为故障点的折射系数。由于线路上任意一点的电压和电流等于通过该点的前行波与反行波之和[165]，IED1、IED2 处的故障电流行波可表示为

$$\begin{cases} i_R = b_R(\omega) + f_R(\omega) \\ i_I = b_I(\omega) + f_I(\omega) \end{cases} \tag{4-6}$$

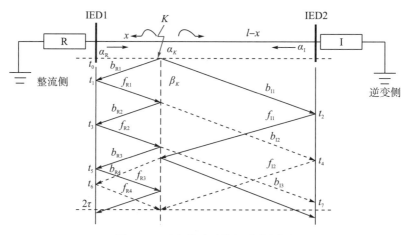

图 4.13　区内故障时的行波传播图

以区内故障 x=300km，线路全长 l=1000km 为例，在 t_0～2τ（τ 为行波在整个输电线路上传播所需的时间）时间内，整流侧 IED1 处可依次检测到：在 t_1 时刻首次检测到来自故障点的反行波 b_{R1} 和前行波 f_{R1}；在 t_3 时刻检测到经波阻抗不连续处 K 点反射回测量点的反行波 b_{R2} 和前行波 f_{R2}；t_5 时刻检测到反行波 b_{R3} 和前行波 f_{R3}；在 t_6 时刻检测到逆变侧前行波 f_{I1} 经 K 点折射的反行波 b_{R4} 和前行波 f_{R4}。因此，在 t_0～2τ 时间内，IED1 检测到的电流行波 i_R 可表示为[165]

$$
\begin{cases}
b_{R1}(\omega) = E_1(\omega) H_R(\omega) \\
f_{R1}(\omega) = b_{R1}(\omega) \alpha_R H_R(\omega) \\
b_{R2}(\omega) = f_{R1}(\omega) H_R(\omega) \alpha_K \\
f_{R2}(\omega) = b_{R2}(\omega) \alpha_R H_R(\omega) \\
b_{R3}(\omega) = f_{R2}(\omega) H_R(\omega) \alpha_K \\
f_{R3}(\omega) = b_{R3}(\omega) \alpha_R H_R(\omega) \\
b_{R4}(\omega) = f_{I1}(\omega) H_R(\omega) \beta_K \\
f_{R4}(\omega) = b_{R4}(\omega) \alpha_R H_R(\omega) \\
\quad \vdots \\
i_R = (b_{R1}(\omega) + b_{R2}(\omega) + b_{R3}(\omega) + b_{R4}(\omega) + \cdots) + (f_{R1}(\omega) + f_{R2}(\omega) + f_{R3}(\omega) + f_{R4}(\omega) + \cdots) \\
\quad = E_1(\omega) H_R(\omega)(1 + \alpha_R H_R(\omega) + \alpha_R \alpha_K H_R^2(\omega) + \alpha_R^2 \alpha_K H_R^3(\omega) + \alpha_R^2 \alpha_K^2 H_R^4(\omega) + \alpha_R^3 \alpha_K^2 H_R^5(\omega) \\
\qquad + \cdots) + E_2(\omega) H_I(\omega)(\alpha_I \beta_K H_R(\omega) H_I(\omega) + \alpha_R \alpha_I \beta_K H_R^2(\omega) H_I(\omega) + \cdots)
\end{cases}
\tag{4-7}
$$

式中，$H_R(\omega)$ 为故障点到整流侧输电线路段的传输函数；$H_I(\omega)$ 为故障点到逆变侧输电线路段的传输函数；$E_1(\omega)$ 为故障后向整流侧传播的初始行波；$E_2(\omega)$ 为故障后向逆变侧传播的初始行波。

在 $t_0 \sim 2\tau$ 时间内，逆变侧 IED2 处可依次检测到：在 t_2 时刻检测到故障点指向母线的反行波 b_{I1} 和前行波 f_{I1}；在 t_4 时刻检测到 f_{R1} 经 K 点折射形成的反行波 b_{I2} 和前行波 f_{I2}；在 t_7 时刻检测到 f_{R2} 经 K 点折射形成的反行波 b_{I3} 和前行波 f_{I3}。因此在 $t_0 \sim 2\tau$ 时间内，逆变侧 IED2 检测到的电流行波 i_I 可表示为

$$
\begin{cases}
b_{I1}(\omega) = E_2(\omega) H_I(\omega) \\
f_{I1}(\omega) = b_{I1}(\omega) \alpha_I H_I(\omega) \\
b_{I2}(\omega) = f_{R1}(\omega) H_I(\omega) \beta_K \\
f_{I2}(\omega) = b_{I2}(\omega) \alpha_I H_I(\omega) \\
b_{I3}(\omega) = f_{R2}(\omega) H_I(\omega) \beta_K \\
f_{I3}(\omega) = b_{I3}(\omega) \alpha_I H_I(\omega) \\
\quad \vdots \\
i_I = (b_{I1}(\omega) + b_{I2}(\omega) + b_{I3}(\omega) + \cdots) + (f_{I1}(\omega) + f_{I2}(\omega) + \cdots) \\
\quad = E_2(\omega) H_I(\omega)(1 + \alpha_I H_I(\omega) + \alpha_R \alpha_I \beta_K H_R^2(\omega) H_I^2(\omega) + \cdots) \\
\qquad + E_1(\omega) H_R(\omega)(\alpha_R \beta_K H_R(\omega) H_I(\omega) + \alpha_R \alpha_I \beta_K H_R(\omega) H_I^2(\omega) + \cdots)
\end{cases}
\tag{4-8}
$$

由图 4.13 和式 (4-7)、式 (4-8) 可知，区内故障时，在 $t_0 \sim 2\tau$ 时间内，由于故障点处的阻抗特性与线路的阻抗特性不一致，两侧的故障电流行波受折反射过程和输电线路的传输函数的影响。因此，整流侧行波 i_R 和逆变侧行波 i_I 的折反射过程完全不同，从而导致两侧检测到的行波 i_R 和 i_I 波形差别较大。同时，由于输电线路对信号同样具有衰减作用，整流侧行波 i_R 和逆变侧行波 i_I 会经输电线路衰减到达测量点 IED1、IED2，但是在工程中的 10kHz 采样频率下行波在输电线路上的衰减程度不超过 10^{-3}，因此测量点测得的暂态信号衰减幅度较小。

2) 区外故障时的电流行波特征

当输电线路区外发生故障时，HVDC 输电线路的行波传播特性如图 4.14 所示。以图4.14(a)为例，在 $t_0 \sim 2\tau$ 时间内，整流侧 IED1 处检测到前行波 f_{R1}，因此整流侧 IED1 处检测到的电流行波 i_R 可表示为

$$\begin{cases} f_{R1} = E_1(\omega) \\ i_R = f_{R1} = E_1(\omega) \end{cases} \tag{4-9}$$

在 $t_0 \sim 2\tau$ 时间内，逆变侧 IED2 则检测到反行波 b_{I1} 和经边界反射得到的前行波 f_{I1}，因此逆变侧 IED2 处检测到的电流行波 i_I 可表示为

$$\begin{cases} b_{I1} = f_{R1}(\omega)H(\omega) = E_1(\omega)H(\omega) \\ f_{I1} = b_{I1}\alpha_I = E_1(\omega)H(\omega)\alpha_I \\ i_I = b_{I1} + f_{R1} = E_1(\omega)H(\omega)(1+\alpha_I) \end{cases} \tag{4-10}$$

式中，$H(\omega)$ 为输电线路全长的传输函数。

同理可得，逆变侧区外故障时，IED1 和 IED2 处检测到的电流行波可表示为

$$\begin{cases} i_R = b_{R1} + f_{R1} = E_1(\omega)H(\omega)(1+\alpha_I) \\ i_I = f_{I1} = E_1(\omega) \end{cases} \tag{4-11}$$

由式(4-9)～式(4-11)可知，区外故障时 i_R 和 i_I 的波形基本相似，由于输电线路上所有地方的波阻抗一致，两侧检测到的故障电流行波波形的差异仅由衰减和相移造成，在 $t_0 \sim 2\tau$ 时间内，两侧检测到的故障行波 i_R 和 i_I 具有很高的相似性。同时，由于边界元件对信号的衰减作用[11,12,48,49]，以整流侧区外故障为例，IED1 处测得的 i_R 经整流侧边界元件衰减后到达，IED2 处测得的 i_I 经边界元件和线路的双重衰减后到达，因此两端测量点测得的信号衰减幅度较大。

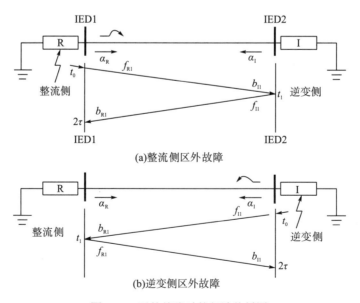

(a)整流侧区外故障

(b)逆变侧区外故障

图 4.14   区外故障时的行波传播图

　　综上所述，通过比较两侧故障电流行波的相似性可判断 HVDC 输电线路区内外故障，也可利用区内外故障时两侧信号的衰减幅度差异实现故障判别。

4.2　基于随机森林的 HVDC 输电线路故障诊断

　　本节利用区内外故障情况下故障行波的特征差异，研究一种基于随机森林的 HVDC 输电线路故障诊断方法。该方法使用的电气量为整流侧和逆变侧的电流行波，引入波动指数来衡量区内外故障时信号变化强度的差异，使用 S 变换提取特征频率信号，设计多尺度特征构建特征样本集，使用随机森林模型对输电线路故障进行诊断。

4.2.1　故障特征分析

1. S 变换简介

　　S 变换是一种局部时频分析方法[166]。设连续时间信号为 $h(t)$，则信号 $h(t)$ 的连续 S 变换 $S(\tau, f)$ 定义为

$$\begin{cases} S(\tau, f) = \int_{-\infty}^{\infty} h(t) g(\tau - t, f) e^{-j2\pi ft} dt \\ g(\tau - t, f) = \dfrac{|f|}{\sqrt{2\pi}} e^{-\frac{(\tau - t)^2}{2\sigma^2}} \end{cases} \tag{4-12}$$

式中，τ 为控制高斯窗口在时间轴上所处位置的参数；f 为连续频率；t 为时间；j 为虚数单位；$\sigma = 1/|f|$；$g(\tau - t, f)$ 为高斯窗函数。

　　信号 $h(t)$ 的离散时间序列 $h[kT](k = 0, 1, 2, \cdots, N-1)$ 的离散 S 变换为

$$\begin{cases} S\left[kT, \dfrac{n}{NT}\right] = \sum_{r=0}^{N-1} H\left(\dfrac{r+n}{NT}\right) e^{-\frac{2\pi^2 r^2}{n^2}} e^{\frac{j2\pi rk}{N}}, & n \neq 0 \\ S[kT, 0] = \dfrac{1}{N} \sum_{r=0}^{N-1} h\left(\dfrac{r}{NT}\right), & n = 0 \end{cases} \tag{4-13}$$

式中，$f = n/(NT)$，$\tau = kT$，T 为采样间隔，$k, r, n = 0, 1, 2, \cdots, N-1$。信号 $h(t)$ 经 S 变换得到一个可反映信号时频特性的复时频矩阵。

2. 多尺度 S 变换波动指数

　　波动指数在数学上定义为信号相邻采样点之间差值总和的平均值，是用来衡量信号变化强度的指标。因此，本小节选取波动指数来反映故障电流行波的变化强度，首先利用 Karenbauer 变换公式(4-14)对整流侧和逆变侧的故障电流行波进行解耦，取线模量 $i_L(t)$ 进行离散 S 变换分析，根据边界元件对高频信号分量(10kHz 及以上)的衰减作用，在整流侧和逆变侧分别提取 8 个不同特征频率 $f_l(l = 10, 11, 12, 13, 14, 15, 16, 17)$(kHz) 下故障电流行波短时窗内的采样数据，计算相应特征频率对应电流行波的波动指数分析线路区内外故障特征，波动指数定义为式(4-15)：

$$\begin{bmatrix} i_{\mathrm{G}} \\ i_{\mathrm{L}} \end{bmatrix} = \frac{\sqrt{2}}{2} \begin{bmatrix} 1 & 1 \\ 1 & -1 \end{bmatrix} \begin{bmatrix} i_{\mathrm{RP}} \\ i_{\mathrm{RN}} \end{bmatrix} \tag{4-14}$$

$$F_l = \frac{1}{M} \sum_{j=1}^{M-1} |a_l(j+1) - a_l(j)| \tag{4-15}$$

式中，i_{G}、i_{L} 分别为地模电流分量和线模电流分量；i_{RP}、i_{RN} 分别为整流侧保护安装处测得的正、负极电流，下标 R 表示整流侧，P、N 分别表示正、负极；j 表示第 j 个采样点(j=1,2,…,M-1)，M 为数据窗内的采样点数；l 为信号经 S 变换得到的 lkHz 分量。

利用上述 8 个频率下的波动指数组成区内外故障识别特征向量，可表示为 $F = (F_{\mathrm{R}11},\cdots,F_{\mathrm{R}17},F_{\mathrm{I}11},\cdots,F_{\mathrm{I}17})_{1\times16}$，其中，R 表示整流侧，I 表示逆变侧，定义该特征向量为信号 $i_{\mathrm{L}}(t)$ 的多尺度 S 变换波动指数向量。

3. 多尺度 S 变换波动指数特征提取

1)区内故障时的多尺度 S 变换波动指数分析

当如图 4.1 所示系统于区内正极线 F_3 点发生接地故障(10Ω，200km)时，整流侧和逆变侧线模电流及其 S 变换后单频率(以 10kHz 为例)信号波形如图 4.15 所示，多尺度 S 变换波动指数如图 4.16 所示。分析可知，区内故障时的波动指数变化幅度较大，其数值较大。

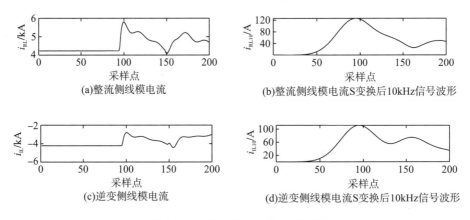

图 4.15　区内故障时相关电流波形

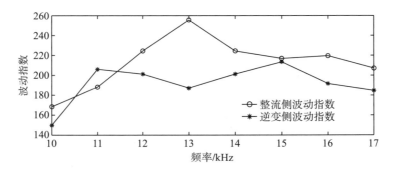

图 4.16　区内故障时多尺度 S 变换波动指数

2) 区外故障时的多尺度 S 变换波动指数分析

当如图 4.1 所示系统于整流侧平波电抗器外侧 F_1 点发生接地故障(10Ω)时,两侧的线模电流及其 S 变换后单频率(以 10kHz 为例)信号波形如图 4.17 所示。

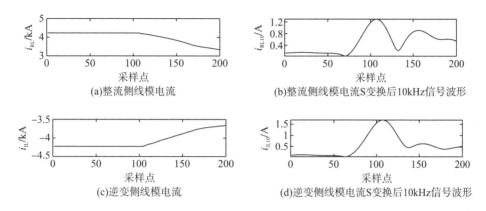

图 4.17　区外故障时相关电流波形

对比图 4.15(b) 和图 4.17(b)、图 4.15(d) 和图 4.17(d) 可知,区内故障时特征频率 10kHz 信号的幅值远大于区外故障时特征频率 10kHz 信号的幅值。区外故障时多尺度 S 变换波动指数如图 4.18 所示,分析可知,区外故障时的波动指数变化幅度较小,且其数值均较小。对比图 4.16 和图 4.18 可得,区内故障时的多尺度 S 变换波动指数远大于区外故障时的多尺度 S 变换波动指数。

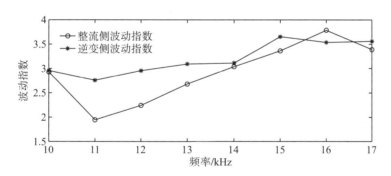

图 4.18　区外故障时多尺度 S 变换波动指数

4. 选极特征提取

双极直流输电系统中,电磁耦合作用对同杆并架的双极直流输电线路的故障诊断具有不利影响,这是由于当一极发生故障时,线路上电磁场的变化将会引起另一极也产生大小相近的高频暂态量[11],为了准确识别故障极,需要防止非故障极保护装置误动作。文献[167]分析得出,当频率在 0~100kHz 范围内时,耦合系数和频率有关,且始终小于 1,这表明当某一极线路故障时,故障极线路上检测到的暂态信号会始终强于非故障极线路,且频率越低,差异越明显。因此,本小节利用线路故障时正负极电流行波的多尺度 S 变换能量和的比值来表征故障极特征，选取 $f_j(j=0.1,0.2,0.3,0.4,0.5,0.6,0.7,0.8)$(kHz) 下的信号计算能量和的比值，如式(4-16)所示：

$$k_j = \frac{\sum_{a=1}^{N} I_{mPj}^2}{\sum_{a=1}^{N} I_{mNj}^2} , \quad m\text{=R，I} \tag{4-16}$$

式中，I_{mPj}、I_{mNj} 分别为正极线路和负极线路故障电流行波 S 变换的 j(kHz)分量；下标 R、I 分别表示整流侧和逆变侧，P、N 分别表示正、负极；$a=1$ 表示所取 2ms 数据窗内的第一个采样点；N 为 2ms 数据窗内的采样点个数。

对整流侧和逆变侧的正极、负极电流进行离散 S 变换，分别提取 8 个不同频率 $f_j(j=0.1,0.2,0.3,0.4,0.5,0.6,0.7,0.8)$(kHz) 下故障行波短时窗内的数据，计算正、负极故障电流行波相应频率下的能量和的比值构建故障极识别特征向量 $K=(K_{R0.1},\cdots,K_{R0.8},K_{I0.1},\cdots,K_{I0.8})_{1\times16}$，定义该向量为多尺度 S 变换能量和的比值向量。

4.2.2　基于随机森林的故障诊断算法

故障诊断算法流程如图 4.19 所示，算法实现步骤如下。

(1)波动指数特征提取。

①对两侧故障电流行波进行 Karenbauer 变换。

②取线模量分析并进行 S 变换。

③选取 S 变换后 8 个特征频率 $f_l(l=10,11,12,13,14,15,16,17)$(kHz) 的故障行波信号作为特征信号，分别计算各频率下故障行波 2ms 时间窗内 80 个采样数据的波动指数，得到多尺度 S 变换波动指数区内外故障识别特征向量 $F=[F_{R11},\cdots,F_{R17},F_{I11},\cdots,F_{I17}]_{1\times16}$。

(2)能量和的比值特征提取。

①对测量点处测得的正负极电流信号进行 S 变换。

②选取 S 变换后 8 个特征频率 $f_j(j=0.1,0.2,0.3,0.4,0.5,0.6,0.7,0.8)$(kHz) 的故障行波信号，分别计算各频率下正负极故障电流行波 2ms 内 80 个采样数据的能量和的比值，得到多尺度 S 变换能量和的比值的故障极识别特征向量 $K=[K_{R0.1},\cdots,K_{R0.8},K_{I0.1},\cdots,K_{I0.8}]_{1\times16}$。

(3)将基于多尺度 S 变换波动指数区内外故障识别特征向量 $F=[F_{R11},\cdots,F_{R17},F_{I11},\cdots,F_{I17}]_{1\times16}$ 和基于多尺度 S 变换能量和的比值的故障极识别特征向量 $K=[K_{R0.1},\cdots,K_{R0.8},K_{I0.1},\cdots,K_{I0.8}]_{1\times16}$ 组合，形成能同时反映区内外故障特征和故障极特征的组合特征向量 $\theta=(F,K)=[F_{R10},\cdots,F_{R17},F_{I10},\cdots,F_{I17},K_{R0.1},\cdots,K_{R0.8},K_{I0.1},\cdots,K_{I0.8}]_{1\times32}$，以此表征 HVDC 输电线路故障特征。

(4)为随机森林的每个特征向量用标签进行标号，将训练样本输入随机森林进行训练，得到随机森林故障智能诊断模型。将测试样本输入训练好的随机森林故障智能诊断模型，得到诊断结果。

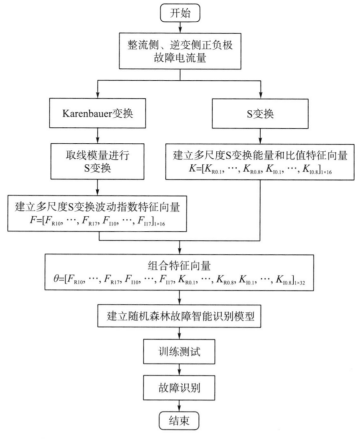

图 4.19　故障识别算法流程图

随机森林分类标签如表 4.5 所示，L 表示线路区内，R、I 表示整流侧、逆变侧，P、N 表示正极、负极，G 表示接地故障。对于 n 种独立分类，设置输出个数为 n，对应的分类标签号依次为 $1,2,\cdots,n$。本小节研究的故障类型可分为 5 类，设置输出类型为 5 种，标签号为 1~5。

表 4.5　随机森林分类标签

功能	区内外故障识别与选极				
输出	区外正极接地故障（RPG、IPG）	区外负极接地故障（RNG、ING）	区内正极接地故障（LPG）	区内负极接地故障（LNG）	区内正负极间故障（LPN）
标签号	1	2	3	4	5

4.2.3　仿真分析

为了提高故障诊断算法的性能，本节利用直流输电线路边界特性对高频信号分量（10kHz 及以上）的阻滞作用，使用多尺度 S 变换波动指数实现区内外故障判别，使用 S 变换后信号的频率范围为 10~17kHz。根据奈奎斯特采样定理，为了不失真地恢复信号，采样频率应该不小于信号频谱中最高频率的 2 倍[168]，因此所提保护算法的采样频率应不低于 34kHz。

在如图 4.1 所示 HVDC 输电系统中，当 F_3（10Ω，500km）点发生接地故障时，取不同采样频率（20kHz、30kHz、40kHz、60kHz、100kHz、200kHz）下 S 变换后的相同频率分量（10kHz）进行比较，信号变换结果如图 4.20 所示。由图 4.20 可得，在 40～200kHz 的采样频率范围内，所取采样频率越低，S 变换后 10kHz 频率分量信号的幅值越大，故障信号的特征差异越明显。当采样频率小于 40kHz 时，其 S 变换后的波形变化规律不明显，且其对应的 10kHz 频率下的信号幅值小于 40kHz 采样频率下的信号幅值。为了更好地反映故障变化特征，本章选取采样频率为 40kHz。

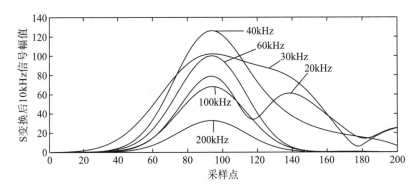

图 4.20   不同采样频率下 S 变换后 10kHz 频率分量信号的幅值比较

选取故障后 2ms 时间窗内的采样数据，计算两侧的波动指数与正负极电流能量和的比值，得到波动指数特征向量 $F = \left[F_{R10}, \cdots, F_{R17}, F_{R10}, \cdots, F_{R17}\right]_{1\times16}$ 与能量和的比值特征向量 $K = \left[K_{R0.1}, \cdots, K_{R0.8}, K_{I0.1}, \cdots, K_{I0.8}\right]_{1\times16}$，每个样本的组合特征向量为 $\theta = [F_{R10}, \cdots, F_{R17}, F_{I10}, \cdots, F_{I17}, K_{R0.1}, \cdots, K_{R0.8}, K_{I0.1}, \cdots, K_{I0.8}]_{1\times32}$，因此每个样本的输入维度为 1×32，样本输入集的维度为 $1\times32\times N$，N 为样本集中的样本总数。

1. 建立随机森林故障智能诊断模型

为了验证随机森林模型的准确度和可靠性，Breiman 通过实验证明了袋外（out of bag，OOB）估计是随机森林泛化误差的一个无偏估计[169]，袋外数据误差率（OOB error）值越小则随机森林算法的泛化性能越好，因此本章将 OOB error 作为评估随机森林算法泛化误差的性能指标。将故障特征样本输入随机森林故障智能诊断模型中进行测试，得到样本的 OOB error 曲线如图 4.21 所示。由图 4.21 可知，当 nTree=10 或者 nTree=15 时，随着随机森林的树的数目的增加，OOB error 曲线逐渐下降；当 nTree=20 时，OOB error 已经趋于平稳。由于当模型已经具有很好的泛化性能时，随机森林不会随着 nTree 的增加而产生过度拟合，而是会产生泛化误差的极限值[169]，因此由图 4.21 可知，当 nTree>20 时，OOB error 已经不随着随机森林树木的增加而减少。因此，本章选择最优决策树数目为 20。随机森林的训练样本由 HVDC 输电系统发生不同故障时，采样数据不受噪声干扰和采样数据受噪声干扰两部分组成，具体参数如表 4.6 所示。

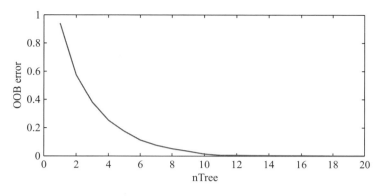

图 4.21　OOB error 曲线

表 4.6　训练样本集的参数设置一览表

故障位置	故障类型	参数名称	参数值	样本总数	合计
区内故障	LPG, LNG, LPN	故障距离/km	100～900km，步长为100km	$3 \times 11 \times 8$ $=264$	
		过渡电阻/Ω	1,10，100～600，步长为100		
区外故障	RPG, IPG, RNG, ING	过渡电阻/Ω	1,10，100～600，步长为100	$4 \times 8 = 32$	328
区外故障 （噪声干扰）	RPG, IPG, RNG, ING	过渡电阻/Ω	1,10，100～600，步长为100	$4 \times 8 = 32$	

2. 测试样本识别结果分析

分别将不同故障类型、不同过渡电阻、不同故障距离的特征测试样本输入 HVDC 输电线路故障智能诊断模型，进行故障识别，并对测试结果进行分析。

1）发生不同类型故障时测试结果分析

为验证保护算法对不同类型故障的适应性，在如图 4.1 所示系统分别选取整流侧区外正极 F_1、负极 F_2 故障，输电线路 F_3、F_4 和 F_5 故障，逆变侧区外正极 F_6、负极 F_7 故障共 7 种情况进行测试。在相同故障距离和过渡电阻的情况下，使用训练好的随机森林模型对不同故障类型的测试样本集进行测试，测试结果对比如图 4.22 所示。

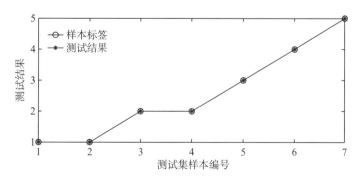

图 4.22　当发生不同类型故障时的测试结果对比

表 4.7 为对应故障情况的仿真验证结果。

表 4.7　不同类型故障仿真验证结果

故障类型	故障距离/km	过渡电阻/Ω	分类标签	诊断结果	
				输出标签	故障类型
RPG (F_1)	—	350	1	1	区外正极接地
IPG (F_6)	—	350	1	1	
RNG (F_2)	—	350	2	2	区外负极接地
ING (F_7)	150	350	2	2	
LPG (F_3)	150	350	3	3	区内正极接地
LNG (F_4)	150	350	4	4	区内负极接地
LPN (F_5)	150	350	5	5	区内正负极间短路

图 4.22 和表 4.7 表明，该故障诊断模型不受 HVDC 输电线路故障类型的影响，能够实现准确的区内外故障识别和故障选极。

2) 发生不同过渡电阻故障时测试结果分析

为验证不同过渡电阻特别是线路发生远端高阻故障时算法的性能，在如图 4.1 所示系统分别设置整流侧区外正极 F_1、输电线路 F_3、F_4 和 F_5，逆变侧区外负极 F_7 在不同过渡电阻条件下发生故障，选取 15 个测试样本构建测试样本集，输入训练好的随机森林模型进行测试，测试结果对比如图 4.23 所示，表 4.8 为对应故障情况的仿真验证结果。

图 4.23 和表 4.8 表明，在不同过渡电阻情况下，该模型能够进行准确的区内外故障识别和故障选极，具有较强的耐受过渡电阻的能力，特别是在输电线路发生远端高阻故障情况下也能进行准确识别和选极。

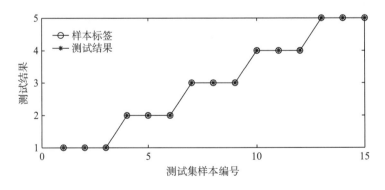

图 4.23　不同过渡电阻故障情况下测试结果

表 4.8　不同过渡电阻情况下的仿真验证结果

故障类型	故障距离/km	过渡电阻/Ω	分类标签	诊断结果	
				输出标签	故障类型
RPG (F_1)	—	150	1	1	区外正极接地
		450	1	1	
		600	1	1	
ING (F_7)	—	150	2	2	区外负极接地
		450	2	2	
		600	2	2	
LPG (F_3)	0.9	150	3	3	区内正极接地
		450	3	3	
		600	3	3	
LNG (F_4)	999	150	4	4	区内负极接地
		450	4	4	
		600	4	4	
LPN (F_5)	450	150	5	5	区内正负极间短路
		450	5	5	
		600	5	5	

3) 发生不同距离故障时测试结果分析

为了验证不同故障距离情况下保护算法的性能，分别设置如图 4.1 所示系统正极 F_3、负极 F_4 和两极 F_5 在不同距离情况下发生故障，选取 15 个样本构建测试样本集，输入训练好的随机森林模型进行测试，测试结果对比如图 4.24 所示，表 4.9 为对应故障情况的仿真验证结果。

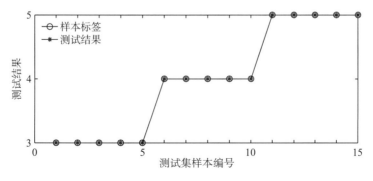

图 4.24　不同故障距离情况下的测试结果

表 4.9 不同故障距离情况下的仿真验证结果

故障类型	过渡电阻/Ω	故障距离/km	分类标签	诊断结果	
				输出标签	故障类型
LPG (F_3)	600	10	3	3	区内正极接地
		150	3	3	
		250	3	3	
		350	3	3	
		450	3	3	
LNG (F_4)	600	650	4	4	区内负极接地
		750	4	4	
		850	4	4	
		950	4	4	
		990	4	4	
LPN (F_5)	600	50	5	5	区内正负极间短路
		250	5	5	
		450	5	5	
		650	5	5	
		850	5	5	

图 4.24 和表 4.9 表明，该故障诊断模型不受故障距离的影响，在不同故障距离情况下能实现准确的故障识别和故障选极。

由表 4.7～表 4.9 和图 4.22～图 4.24 可知，在故障后 2ms 内，基于随机森林的 HVDC 输电线路故障智能诊断模型基本不受故障类型和故障距离的影响，能有效识别 HVDC 输电线路区内外故障并进行故障选极，耐受过渡电阻能力较强。

4.2.4 故障诊断算法性能分析

现有行波保护算法具有速度较快的优点，但是在复杂的运行工况下，噪声干扰和高阻故障容易使得保护单元获得的暂态行波信号比较微弱，导致波头信息提取困难，因此只利用故障行波的波头信息可能会导致算法可靠性降低[170-172]。为克服上述传统保护算法的不足，本节结合随机森林构建 HVDC 输电线路故障智能诊断模型。为了验证本章所研究算法的可靠性，分别就算法的抗噪能力、速动性等方面对算法的性能进行分析。

1. 考虑噪声干扰时的算法性能分析

为了验证在噪声影响情况下算法的性能，选取如图 4.1 所示系统逆变侧区外正极 F_6 故障，输电线路 F_3、F_4 和 F_5 故障，整流侧区外负极 F_2 故障共 5 种故障情况进行仿真，噪声干扰分别考虑 SNR=20dB、30dB、40dB、50dB 共四种情况，得到 5×4=20 组噪声干扰测试样本。图 4.25 为区内正极 F_3 故障(10Ω，400km)和区外正极 F_1 (10Ω)故障且存在 30dB 噪声干扰时故障行波的相关波形。

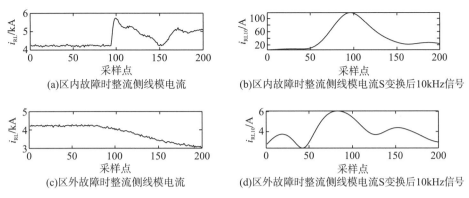

(a)区内故障时整流侧线模电流　　　　　(b)区内故障时整流侧线模电流S变换后10kHz信号

(c)区外故障时整流侧线模电流　　　　　(d)区外故障时整流侧线模电流S变换后10kHz信号

图 4.25　存在 30dB 噪声干扰时的相关波形

　　将上述 20 组噪声干扰测试样本输入随机森林故障智能诊断模型中进行测试，测试结果对比如表 4.10 所示。由表可以看出，该故障智能诊断模型在远端高阻故障情况下仍然具有很好的抗噪性能，当信噪比增加到 20dB 时，不能识别区外故障，但是对区内故障仍能准确识别，在信噪比为 30dB 时能可靠识别区内外故障并进行故障选极。因此可以看出，本章所研究的算法受噪声的影响较小，具有较强的抗噪能力。

表 4.10　噪声干扰情况下保护算法性能分析

故障类型	故障距离/km	过渡电阻/Ω	SNR/dB	分类标签	识别结果		
					输出标签	选极是否正确	区内外是否正确
IPG (F_6)	—	100	20	1	3	是	否
			30	1	1	是	是
			40	1	1	是	是
			50	1	1	是	是
RNG (F_2)	—	200	20	2	4	是	否
			30	2	2	是	是
			40	2	2	是	是
			50	2	2	是	是
LPG (F_3)	999	400	20	3	3	是	是
			30	3	3	是	是
			40	3	3	是	是
			50	3	3	是	是
LNG (F_4)	500	500	20	4	4	是	是
			30	4	4	是	是
			40	4	4	是	是
			50	4	4	是	是

续表

故障类型	故障距离/km	过渡电阻/Ω	SNR/dB	分类标签	识别结果		
					输出标签	选极是否正确	区内外是否正确
LPN (F_5)	1	600	20	5	5	是	是
			30	5	5	是	是
			40	5	5	是	是
			50	5	5	是	是

2. 速动性分析

速动性方面主要考虑通道传输时间和故障诊断所需的算法时间，测试平台参数如表 4.11 所示。通道传输方面，目前的通道延时在 20ms 以下[8]。该智能算法采用数据窗长度为 2ms（80 个采样点），S 变换大约需要 $80^2 \log_2 80 + 80^2 = 46860$ 次乘运算[173]，其运算时间不会超过 1ms。同时只需要通过简单的乘运算和累加运算来计算多尺度 S 变换波动指数，因此其运算时间不会超过 0.5ms[174]。由于该智能模型训练好之后，在后续的计算中无须再次训练，本章借鉴文献[175]的方法，测试一次数据所需要的时间以平均时间来衡量，本章实验共测试故障数据 420 组，总测试时间约为 0.013s（具体见图 4.26 中的classRF_predict），因此平均测试 1 次故障数据大约需要 0.03ms。综上，本章所提算法的保护时间在 23ms 左右。

表 4.11　测试平台参数

项目	参数
系统版本	Windows 10 专业版 64 位
处理器型号（CPU）	Pentium（R）Dual-Core E6700 @
处理速度/GHz	3.2
内存（RAM）/GB	2

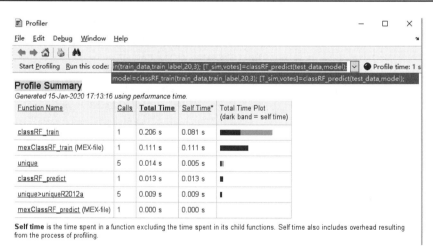

图 4.26　样本测试时间

3. 故障诊断模式识别方法对比分析

为了验证本章模型的故障诊断效果，分别选取 PNN、径向基函数(radical basis function，RBF)网络、极限学习机(ELM)和 BP 网络对本章讨论的 HVDC 输电线路故障样本进行诊断并和随机森林网络进行比较，得到的测试结果如表 4.12 所示。

表 4.12　不同智能模型识别效果对比(%)

神经网络	训练集识别率	测试集识别率
随机森林	100	100
PNN	100	93.52
RBF 网络	99.11	91.67
ELM	93.59	85.48
BP 网络	83.23	85.72

由表 4.12 可知，基于随机森林的 HVDC 输电线路故障诊断模型的识别率在 5 种模型中更高。这表明本章所提随机森林模型具有更好的识别率和更优越的性能，可以有效解决 HVDC 输电线路的故障识别问题。

4.3　基于 VMD 多尺度模糊熵的 HVDC 输电线路故障诊断

在 HVDC 输电线路保护方案中，大量学者利用边界元件对高频信号的阻滞作用设计算法，实现对输电线路的故障诊断。同时，信息熵作为一种度量指标，能够衡量一个系统或一段信息的不确定性程度，在电力系统故障检测和保护等领域已有不少成果[116,176-178]。因此，本章引入 VMD 和模糊熵，结合边界元件特性，使用 VMD 多尺度模糊熵作为特征向量，研究一种基于 VMD 多尺度模糊熵的 HVDC 输电线路保护方法。

4.3.1　基于 VMD 的故障特征分析

1. 变分模态分解

VMD 是 2014 年提出的一种自适应信号分解方法[179]，分解得到的各个本征模态函数 (intrinsic mode function，IMF)中包含着丰富的故障信息。变分模态分解的数学模型如式 (4-17)所示：

$$\begin{cases} f = \sum_{k=1}^{K} u_k \\ \min_{\{u_k\},\{\omega_k\}} \left\{ \sum_{k=1}^{K} \left\| \partial_t \left[\left(\delta(t) + \dfrac{\mathrm{j}}{\pi t} \right) \times u_k(t) \right] \mathrm{e}^{\mathrm{j}\omega_k t} \right\|_2^2 \right\} \end{cases} \tag{4-17}$$

式中，f 为待分解的信号；u_k 为分解得到的第 k 个模态分量；$\delta(t)$ 为脉冲函数；j 为虚数单位；ω_k 为第 k 个模态分量的中心频率。

VMD 的分解步骤如下：

(1) 初始化 $\{\hat{u}_k^1\}$、$\{\omega_k^1\}$、$\hat{\lambda}^1$ 和 n，其中 "$\hat{\ }$" 为傅里叶等距变换；

(2) 根据式(4-18)、式(4-19)更新 $\{\hat{u}_k^1\}$、$\{\omega_k^1\}$ 和 $\hat{\lambda}^{n+1}$，即

$$\hat{u}_k^{n+1}(\omega) = \frac{\hat{f}(\omega) - \sum_{i<k}\hat{u}_i^{n+1}(\omega) - \sum_{i>k}\hat{u}_i^n(\omega) + \frac{\hat{\lambda}^n(\omega)}{2}}{1 + 2\alpha(\omega - \omega_k^n)^2} \tag{4-18}$$

$$\omega_k^{n+1} = \frac{\int_0^\infty \omega|\hat{u}_k^{n+1}|^2 \mathrm{d}\omega}{\int_0^\infty |\hat{u}_k^{n+1}|^2 \mathrm{d}\omega} \tag{4-19}$$

$$\hat{\lambda}^{n+1}(\omega) = \hat{\lambda}^n(\omega) + \tau\left(\hat{f}(\omega) - \sum_k \hat{u}_n^{n+1}(\omega)\right) \tag{4-20}$$

(3) 重复步骤(2)，直到满足式(4-21)的迭代停止条件，即

$$\sum_k \left\|\hat{u}_k^{n+1} - \hat{u}_k^n\right\|_2^2 / \left\|\hat{u}_k^n\right\|_2^2 < e, \quad e > 0 \tag{4-21}$$

(4) 将 $\hat{u}_k(\omega)$ 通过傅里叶逆变换为 $u_k(t)$，得到 K 个 IMF 分量。

使用 VMD 提取故障特征需先预设分解模态的个数 K，K 的设置对 VMD 算法分解效果具有很大的影响，若预估 K 值不当，则会导致误差较大，因此本章参考文献[180]使用中心频率法则来预估 K 值，若出现中心频率相近的模态分量，则认为出现 VMD 过分解现象。以如图 4.1 所示 HVDC 输电系统模型的区内 F_4 (1Ω，400km) 发生故障为例，电流信号经过 VMD 后，不同 K 值下各 IMF 分量的中心频率如表 4.13 所示。由表可知，K=7 时开始出现中心频率相近的 IMF 分量，即出现过分解现象，因此选取 K=6。由文献[11]和[48]可知，本节仿真模型的直流边界对 600Hz、1200Hz 和 1800Hz 的频率信号衰减严重，因此本章选取中心频率为 600Hz 左右的 IMF_2 分量构建故障识别特征向量。

表 4.13　不同 K 值对应的中心频率

K	IMF_1	IMF_2	IMF_3	IMF_4	IMF_5	IMF_6	IMF_7
2	0.167	1327	—	—	—	—	—
3	0.156	926.8	2727.5	—	—	—	—
4	0.151	763.9	2100.8	3702.7	—	—	—
5	0.148	683.7	1851.5	3235.5	4914.7	—	—
6	0.145	619.6	1652.4	2858.3	4224.8	5890.5	—
7	0.145	616.2	1626.5	3707.4	5214.4	7116	3986.1

2. VMD 多尺度模糊熵提取

模糊熵用于衡量新模式产生概率的大小，一个序列的模糊熵值越大，复杂度越高[181,182]。模糊熵利用指数函数 $\mathrm{e}^{-(d/r)n}$ (n、r 分别为模糊函数边界的梯度和宽度) 来计算两个时间序列

的相似性，其计算过程如下。

(1) 对时间序列 $\{u(i):1\leqslant i\leqslant N\}$ 进行处理得到 m 维向量：

$$X_i^m = \{u(i), u(i+1), \cdots, u(i+m-1), u(i+m)\} - u_0(i)\pi \tag{4-22}$$

式中，$i = 1, 2, \cdots, N-m+1$；X_i^m 为时间序列去掉均值 $u_0(i)$ 后的结果。

(2) 根据模糊函数定义 X_i^m 和 X_j^m 的相似度：

$$D_{ij}^m = \mu(d_i^m, m, r) = \mathrm{e}^{-(d_{ij}^m/r)^n} \tag{4-23}$$

(3) 定义函数：

$$\phi^m(n, r) = \frac{1}{N-m} \sum_{i=1}^{N-m} \left(\frac{1}{N-m+1} \sum_{\substack{j=1 \\ j \neq i}}^{N-m} D_{ij}^m \right) \tag{4-24}$$

(4) 根据以上步骤构造 $m+1$ 个向量：

$$\phi^{m+1}(n, r) = \frac{1}{N-m} \sum_{i=1}^{N-m} \left(\frac{1}{N-m-1} \sum_{\substack{j=1 \\ j \neq i}}^{N-m} D_{ij}^{m+1} \right) \tag{4-25}$$

(5) 根据以上步骤可得模糊熵值为

$$\mathrm{FuzzyEn}(m, n, r) = \lim_{N \to \infty} \left(\ln \phi^m(n, r) - \ln \phi^{m+1}(n, r) \right) \tag{4-26}$$

当 N 有限时，式 (4-26) 可变化为

$$\mathrm{FuzzyEn}(m, n, r, N) = \ln \phi^m(n, r) - \ln \phi^{m+1}(n, r) \tag{4-27}$$

由于不同尺度下故障信号特征在不同频段具有不同的复杂程度，通过粗粒化变换计算 IMF 分量信息的多尺度模糊熵，可以在一定程度上提高对特征的利用率。因此，在计算模糊熵之前，需先对 $X_i = \{x_1, x_2, \cdots, x_n\}$ 进行粗粒化处理，即按照一定规则将原信号重新整理形成 τ 个新的时间序列[183]：

$$y_j(\tau) = \frac{1}{\tau} \sum_{i=(j-1)\tau+1}^{j\tau} x_i \tag{4-28}$$

式中，$\tau = 1, 2, \cdots, n$ 为尺度因子，使用每个尺度下的时间序列计算模糊熵，则可得到信号 X_i 的多尺度模糊熵。利用上述多尺度模糊熵值组成特征向量，可表示为 $F = [F_1, F_2, \cdots, F_n]_{1 \times n}$。对整流侧和逆变侧线模电流 $i_{\mathrm{L}}(t)$ 进行变分模态分解，取两侧的 IMF_2 分量求解多尺度模糊熵，利用两侧的多尺度模糊熵组成特征向量 $F = [F_{\mathrm{R}1}, \cdots, F_{\mathrm{R}n}, F_{\mathrm{I}1}, \cdots, F_{\mathrm{I}n}]_{1 \times 2n}$，定义该特征向量为信号 $i_{\mathrm{L}}(t)$ 的 VMD 多尺度模糊熵向量。

1）区内故障时多尺度模糊熵分析

当如图 4.1 所示系统于区内正极线 F_3（1Ω，500km）发生接地故障时，整流侧和逆变侧线模电流及其 IMF_2 分量波形如图 4.27 所示，VMD 多尺度模糊熵变化如图 4.28 所示。

由图 4.28 可知，当发生区内故障时，随着变换尺度的增加，模糊熵的值呈增加趋势。区内故障时 IMF_2 分量在输电线路上衰减程度较小，故障暂态分量较多，此时的模糊熵值较大。

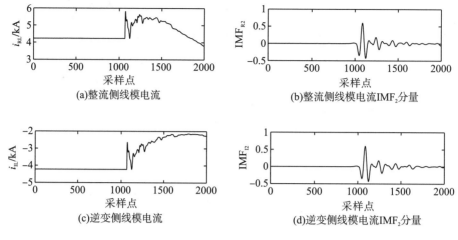

图 4.27   区内故障时相关电流波形

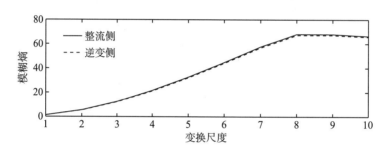

图 4.28   区内故障时多尺度模糊熵变化

2) 区外故障多尺度模糊熵分析

当如图 4.1 所示系统于区外负极线 F_7 (1Ω)发生接地故障时，整流侧和逆变侧线模电流及其 IMF_2 分量信号波形如图 4.29 所示，VMD 多尺度模糊熵变化如图 4.30 所示。

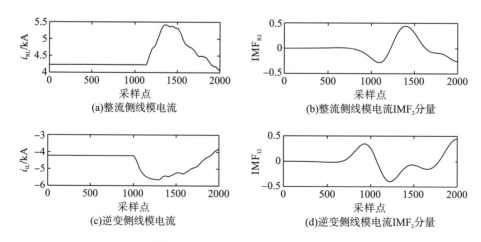

图 4.29   区外故障时相关电流波形

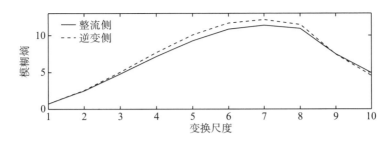

图 4.30 区外故障时的多尺度模糊熵

由图 4.29 和图 4.30 可知，当发生区外故障时，随着变换尺度的增加，模糊熵的值先增大后减小。区外故障时暂态电流信号经边界元件的衰减后到达保护安装处，此时 IMF_2 分量衰减程度较大，故障暂态分量较少，模糊熵值较小。对比图 4.28 和图 4.30 可知，区外故障时的模糊熵值均小于区内故障时的模糊熵值，根据这一特征，可实现对区内外故障的判别。

3. VMD 能量和的比值特征提取

双极直流输电系统中，为了防止非故障极保护装置误动作，需要准确识别故障极。根据双极直流线路之间的耦合系数与频率的关系，当频率在 0～100kHz 范围内时，非故障极线路上检测到的暂态信号始终弱于故障极线路，因此本章利用两极线路暂态电流中心频率为 600Hz 左右的 IMF_2 分量计算 VMD 能量和的比值来表征故障极特征。对整流侧和逆变侧的正负极电流分别进行 VMD 变换，将 IMF_2 分量均分为 m 段，分别求取每一段采样数据的能量和，计算正负极电流能量和的比值如式(4-29)所示：

$$K_m = \frac{\sum\limits_{a=1}^{b} I_{RP}^2}{\sum\limits_{a=1}^{b} I_{RN}^2} \tag{4-29}$$

式中，m 为 IMF_2 分量的第 m 段；I_{RP} 和 I_{RN} 分别为整流侧正极线路和负极线路电流信号 VMD 变换后的 IMF_2 分量的第 m 段信号，下标 R 表示整流侧，P、N 表示正、负极；$a=1$ 表示第 m 段采样数据的第一个采样点；b 表示第 m 段采样数据窗内的采样点数。利用正负极故障电流信号能量和的比值构建故障极识别特征向量 $K=[K_{R1},\cdots,K_{Rm},K_{I1},\cdots,K_{Im}]_{1\times2m}$，定义该向量为 VMD 能量和的比值向量。

4.3.2 基于 VMD 多尺度模糊熵的故障诊断算法

故障诊断算法流程如图 4.31 所示，实现步骤如下。

（1）VMD 多尺度模糊熵特征提取。

①对两侧的电流信号进行 Karenbauer 变换。

②取线模量分析进行变分模态分解。

③取故障后 3ms 时间窗内的采样数据。

④选取 VMD 本征模特函数 IMF_2 求取多尺度模糊熵，利用 VMD 多尺度模糊熵构造区

内外故障识别特征向量 $F = \left[F_{R1}, \cdots, F_{Rn}, F_{I1}, \cdots, F_{In} \right]_{1 \times 2n}$。

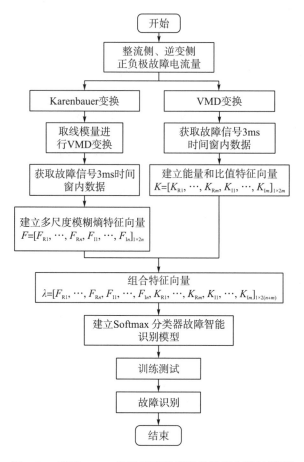

图 4.31　基于 VMD 多尺度模糊熵的故障识别算法流程

（2）VMD 能量和的比值特征提取。

①对测量点处测得的正负极电流信号进行变分模态分解。

②获取故障后 3ms 时间窗内的采样数据。

③将 VMD 的本征模特函数 IMF_2 均分为 m 段，求取每段分量能量和的比值，利用 VMD 能量和的比值构建故障极识别特征向量 $K = \left[K_{R1}, \cdots, K_{Rm}, K_{I1}, \cdots, K_{Im} \right]_{1 \times 2m}$。

（3）将 VMD 多尺度模糊熵特征向量 $F = \left[F_{R1}, \cdots, F_{Rn}, F_{I1}, \cdots, F_{In} \right]_{1 \times 2n}$ 和 VMD 能量和的比值特征向量 $K = \left[K_{R1}, \cdots, K_{Rm}, K_{I1}, \cdots, K_{Im} \right]_{1 \times 2m}$ 组合，形成能同时反映区内外故障特征和故障极特征的组合特征向量 $\theta = (F, K) = \left[F_{R1}, \cdots, F_{Rn}, F_{I1}, \cdots, F_{In}, K_{R1}, \cdots, K_{Rm}, K_{I1}, \cdots, K_{Im} \right]_{1 \times 2(n+m)}$，以此表征 HVDC 输电线路故障特征。

（4）为每个样本向量进行标号后作为故障特征样本数据，将训练样本输入 Softmax 分类器进行训练，得到基于 Softmax 分类器的 HVDC 输电线路故障诊断模型。将测试样本输入训练好的 Softmax 分类器中，得到诊断结果。

4.3.3　仿真分析

1. 建立 Softmax 故障智能诊断模型

训练样本由 HVDC 输电系统发生不同故障时采样数据不受噪声干扰和采样数据受噪声干扰两部分组成，具体参数如表 4.14 所示。

表 4.14　训练样本集的参数设置一览表

故障位置	故障类型	参数名称	参数值	样本总数	合计
区内故障	LPG, LNG, LPN	故障距离	1km，999km，步长为 100km	3×11×8 =264	
		过渡电阻	1Ω，10Ω，100～600Ω，步长为 100Ω		
区外故障	RPG, IPG, RNG,ING	过渡电阻	1Ω，10Ω，100～600Ω，步长为 100Ω	4×8=32	328
区外故障（噪声干扰）	RPG, IPG, RNG,ING	过渡电阻	1Ω，10Ω，100～600Ω，步长为 100Ω	4×8=32	

将故障特征训练样本输入 Softmax 分类器网络中进行训练，得到一个训练好的基于 Softmax 分类器的 HVDC 输电线路故障智能诊断模型。训练集的混淆矩阵如图 4.32 所示，横轴表示给定的标签号，纵轴表示输出标签号。网络默认最大迭代次数为 1000，当迭代次数达到 657 时，训练样本的测试结果正确，此时故障智能诊断模型能很好地识别 HVDC 输电线路故障。

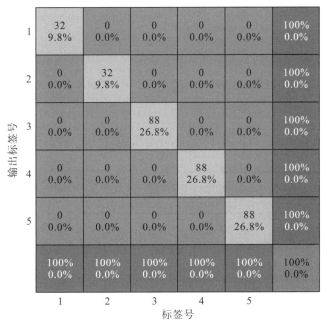

图 4.32　混淆矩阵

2. 测试结果分析

1) 发生不同故障类型时测试结果分析

为验证该故障诊断算法对不同故障类型的适应性，分别选取如图 4.1 所示系统整流侧区外正极 F_1、负极 F_2 故障，输电线路 F_3、F_4 和 F_5 故障，逆变侧区外正极 F_6、负极 F_7 故障共 7 种情况进行测试。在故障距离和过渡电阻相同的情况下，针对不同故障类型构建测试样本集，并输入训练好的 Softmax 故障诊断模型进行测试，测试结果对比如图 4.33 所示，表 4.15 为对应故障情况的仿真验证结果。

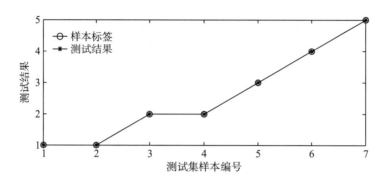

图 4.33　不同故障类型时的测试结果对比

表 4.15　不同故障类型仿真验证结果

故障类型	故障距离/km	过渡电阻/Ω	分类标签	识别结果	
				输出标签	故障类型
RPG(F_1)	—	350	1	1	区外正极接地
IPG(F_6)	—	350	1	1	
RNG(F_2)	—	350	2	2	区外负极接地
ING(F_7)	150	350	2	2	
LPG(F_3)	150	350	3	3	区内正极接地
LNG(F_4)	150	350	4	4	区内负极接地
LPN(F_5)	150	350	5	5	区内正负极间短路

图 4.33 和表 4.15 表明，该故障诊断模型不受 HVDC 输电线路故障类型的影响，能够实现准确的区内外故障识别和故障选极。

2) 发生不同过渡电阻故障时测试结果分析

为验证不同过渡电阻故障，特别是线路发生远端高阻故障时该算法的性能，分别设置如图 4.1 所示系统整流侧区外正极 F_1，输电线路 F_3、F_4 和 F_5，逆变侧区外负极 F_7 在不同过渡电阻条件下发生故障,选取 15 个测试样本构建测试样本集,输入训练好的 Softmax 故障诊断模型进行测试,测试结果对比如图 4.34 所示,表 4.16 为对应故障情况的仿真验证结果。

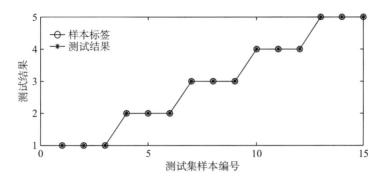

图 4.34　不同过渡电阻下测试结果对比

表 4.16　不同过渡电阻下仿真验证结果

故障类型	故障距离/km	过渡电阻/Ω	分类标签	识别结果	
				输出标签	故障类型
RPG（F_1）	—	150	1	1	区外正极接地
		450	1	1	
		600	1	1	
ING（F_7）	—	150	2	2	区外负极接地
		450	2	2	
		600	2	2	
LPG（F_3）	1	150	3	3	区内正极接地
		450	3	3	
		600	3	3	
LNG（F_4）	999	150	4	4	区内负极接地
		450	4	4	
		600	4	4	
LPN（F_5）	450	150	5	5	区内正负极间短路
		450	5	5	
		600	5	5	

图 4.34 和表 4.16 表明,在不同过渡电阻情况下,该故障诊断模型能够进行准确的区内外故障识别和故障选极,耐受过渡电阻能力强,特别是在输电线路远端高阻故障情况下也能对故障进行准确诊断。

3) 发生不同距离故障时测试结果分析

为了验证不同故障距离情况下该算法的性能,分别设置如图 4.1 所示系统正极 F_3、负极 F_4 和两极 F_5 在不同距离情况下发生故障,选取 15 个样本构建测试样本集,输入训练好的 Softmax 故障诊断模型进行测试，测试结果对比如图 4.35 所示，表 4.17 为对应故障情况的仿真验证结果。

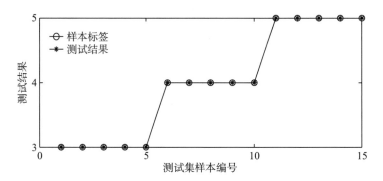

图 4.35   不同距离故障下测试结果对比

表 4.17   不同距离故障下仿真验证结果

故障类型	过渡电阻/Ω	故障距离/km	分类标签	识别结果	
				输出标签	故障类型
LPG (F_3)	600	10	3	3	
		150	3	3	
		250	3	3	区内正极接地
		350	3	3	
		450	3	3	
LNG (F_4)	600	650	4	4	
		750	4	4	
		850	4	4	区内负极接地
		950	4	4	
		990	4	4	
LPN (F_5)	600	50	5	5	
		250	5	5	
		450	5	5	区内正负极间短路
		650	5	5	
		850	5	5	

图 4.35 和表 4.17 表明，该故障诊断模型不受故障距离的影响，在不同故障距离情况下能实现准确的故障诊断。

由表 4.15～表 4.17 和图 4.33～图 4.35 可知，在故障后 3ms 内，基于 VMD 多尺度模糊熵和 Softmax 分类器的 HVDC 输电线路故障智能诊断模型基本不受故障类型和故障距离的影响，能同时有效识别 HVDC 输电线路区内外故障并进行故障选极，耐受过渡电阻能力较强。

4.3.4　故障诊断算法性能分析

1. 考虑噪声干扰时的算法性能测试

为了验证在噪声影响情况下该故障诊断算法的性能,选取如图 4.1 所示系统逆变侧区外正极 F_6 故障,输电线路 F_3、F_4 和 F_5 故障,整流侧区外负极 F_2 故障共 5 种故障情况进行仿真,噪声干扰分别考虑 SNR=40dB、50dB、60dB、70dB 共 4 种情况,得到 5×4=20 组噪声干扰测试样本。图 4.36 为区内正极 F_3 故障(10Ω,400km)和区外负极 F_7(10Ω)故障且存在 50dB 噪声干扰时的相关波形。

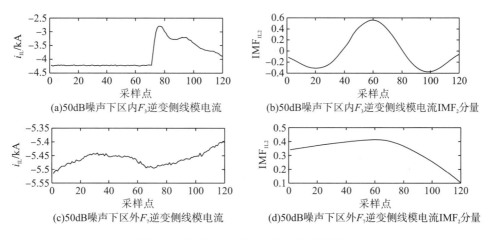

(a)50dB噪声下区内F_3逆变侧线模电流　　(b)50dB噪声下区内F_3逆变侧线模电流IMF$_2$分量

(c)50dB噪声下区外F_7逆变侧线模电流　　(d)50dB噪声下区外F_7逆变侧线模电流IMF$_2$分量

图 4.36　存在 50dB 噪声干扰时的相关波形

将上述 20 组噪声干扰测试样本输入基于 Softmax 分类器的故障智能诊断模型中进行测试,测试结果对比如表 4.18 所示。由表可以看出,该故障智能诊断模型具一定的抗噪能力,当信噪比为 40dB 时,模型能识别区内故障,但是对区外故障的识别效果较差,当信噪比增加到 50dB 时,模型能准确识别所有故障类型。因此,本节所研究的算法具有一定的抗噪能力。

表 4.18　噪声干扰情况下保护算法性能分析

故障类型	故障距离/km	过渡电阻/Ω	SNR/dB	分类标签	识别结果		
					输出标签	选极是否正确	区内外是否正确
IPG（F_6）	—	350	40	1	3	是	否
			50	1	1	是	是
			60	1	1	是	是
			70	1	1	是	是
RNG（F_2）	—	150	40	2	4	是	否
			50	2	2	是	是
			60	2	2	是	是
			70	2	2	是	是

续表

故障类型	故障距离/km	过渡电阻/Ω	SNR/dB	分类标签	识别结果		
					输出标签	选极是否正确	区内外是否正确
LPG (F_3)	950	300	40	3	3	是	是
			50	3	3	是	是
			60	3	3	是	是
			70	3	3	是	是
LNG (F_4)	50	100	40	4	4	是	是
			50	4	4	是	是
			60	4	4	是	是
			70	4	4	是	是
LPN (F_5)	550	600	40	5	5	是	是
			50	5	5	是	是
			60	5	5	是	是
			70	5	5	是	是

2. 速动性讨论

测试平台参数如表 4.19 所示,该算法实现所需要的时间 T 主要包括特征提取时间 t_1、通道传输时间 t_2 和 Softmax 网络测试时间 t_3。该智能算法采用数据窗长度为 3ms,利用现有数字信号处理器(digital signal processor,DSP)的计算能力,对于 120 个采样点的离散信号,VMD 变换大约需要 20ms,计算 VMD 多尺度模糊熵大约需要 20ms,因此 $t_1=20\text{ms}+20\text{ms}+3\text{ms}=43\text{ms}$。通道传输方面,目前的通道延时 t_2 在 20ms 以下[7]。由于该智能模型训练好之后,在后续的计算中无须再次训练,本章借鉴文献[78]中方法,测试一次数据所需要的时间以平均时间来衡量,本章共测试实验数据 52 组,表 4.19 所示测试平台的测试时间大约为 0.0306s,因此平均测试 1 次故障数据大约需要 $t_3=0.5\text{ms}$。综上,本节所提算法的保护时间 $T=t_1+t_2+t_3$ 在 63ms 左右。

表 4.19   测试平台参数

项目	参数
系统版本	Windows 7 旗舰版 64 位
处理器型号(CPU)	Intel(R) Core(TM) i5CPU
处理速度/GHz	2.67
内存(RAM)/GB	4

3. 故障诊断模式识别方法对比分析

为了验证本节故障诊断模型的识别效果,分别选取 RBF、ELM 和 BP 网络对本章讨论的 HVDC 输电线路故障进行诊断识别,并和本章利用 Softmax 得到的结果进行比较,得到的测试结果对比如表 4.20 所示。由表可知,利用 Softmax 分类器的 HVDC 输电线路故障诊断模型的正确识别率比另外三种智能诊断模型的准确识别率更高。这表明本章所提方法的模型具有更好的识别率，可以有效解决 HVDC 输电线路的故障诊断问题。

表 4.20　不同智能模型识别效果对比（%）

神经网络	测试集识别率
Softmax 分类器	100
RBF 网络	96.55
ELM	84.48
BP 网络	86.21

4.4　基于 Teager 能量算子和 1D-CNN 的 HVDC 输电线路故障诊断

近年来，卷积神经网络作为深度学习的代表算法之一，被广泛应用于计算机视觉、自然语言处理以及故障诊断等领域。一维卷积神经网络（1D-CNN）是卷积神经网络在一维数据处理方面的扩展，能够处理一维数据[184]。因此，本节对 1D-CNN 的结构及原理进行分析，引入 Teager 能量算子，研究基于 Teager 能量算子和 1D-CNN 的 HVDC 输电线路故障诊断方法。

4.4.1　故障特征分析

1. Teager 能量算子特征提取

Teager 等提出了一种非线性算子，即 Teager 能量算子，利用它对信号的高时间分辨率可用于提取冲击信号特征[185,186]。连续信号 $s(t)$ 的 Teager 能量算子可以表示为

$$\psi_c[s(t)] = \dot{s}^2(t) - s(t)\ddot{s}(t) \tag{4-30}$$

式中，$\dot{s}(t) = \dfrac{\mathrm{d}s(t)}{\mathrm{d}t}$，$\ddot{s}(t) = \dfrac{\mathrm{d}^2 s(t)}{\mathrm{d}t^2}$。

对于 $s(t)$ 的离散信号 $s(n)$，其 Teager 能量算子可表示为

$$\psi_n[s(n)] = s^2(n) - s(n-1)s(n+1) \tag{4-31}$$

式中，n 为数据窗内的第 n 个采样点。

本章选择线模电流 $i_L(t)$ 计算 Teager 能量算子，利用两侧的 Teager 能量算子组成特征向量 $\psi = (\psi_{Rn}\ \psi_{In})_{1\times 2n}$，定义该特征向量为信号 $i_L(t)$ 的 Teager 能量算子向量，其中 ψ_{Rn} 表示整流侧线模电流 $i_{LR}(t)$ 的 Teager 能量算子，ψ_{In} 表示逆变侧线模电流 $i_{LI}(t)$ 的 Teager 能量算子。

1）区内故障时 Teager 能量算子特征分析

当如图 4.1 所示系统于区内正极线 F_3（1Ω，400km）发生接地故障时，整流侧和逆变侧的线模电流及其 Teager 能量算子波形如图 4.37 所示。可知，区内故障时 Teager 能量算子在故障时刻迅速发生瞬变，能很好地反映故障后信号中的瞬变成分。

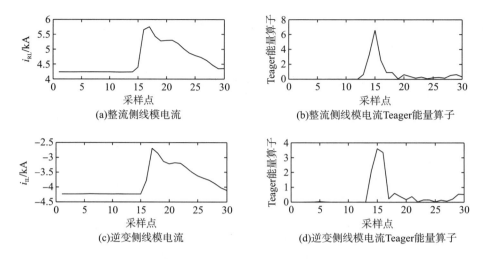

图 4.37　区内故障时的相关波形

2) 区外故障时 Teager 能量算子特征分析

当如图 4.1 所示系统于区外负极线 F_2 (1Ω) 发生接地故障时，整流侧和逆变侧线模电流及其 Teager 能量算子波形如图 4.38 所示。对比图 4.37 和图 4.38 可知，信号仍然在故障时刻发生瞬变，但区内故障时的 Teager 能量算子的幅值远大于区外故障时 Teager 能量算子的幅值，根据这一特征，可实现区内外故障的判别。

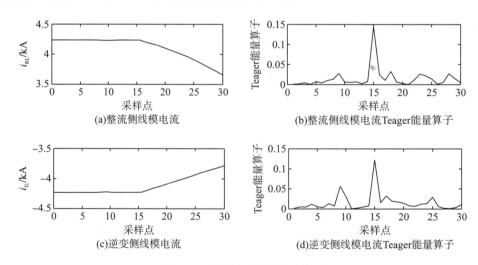

图 4.38　区外故障时的相关波形

2. 突变量能量比值特征提取

在两极 HVDC 直流输电系统中，为了准确识别故障极，防止非故障极保护装置误动作，本章利用正负极线路暂态电流的突变量能量的比值来表征故障极特征。以整流侧正负极电流突变量为例，按式(4-32)计算整流侧正负极电流突变量，按式(4-33)求取整流侧正负极采样数据的能量比值。

$$\begin{cases} \Delta I_{\text{RP}} = I_{\text{RP}} - I_{\text{RP0}} \\ \Delta I_{\text{RN}} = I_{\text{RN}} - I_{\text{RN0}} \end{cases} \tag{4-32}$$

$$\begin{cases} K_{\text{R}m} = \dfrac{\Delta I_{\text{RP}}^2(m)}{\Delta I_{\text{RN}}^2(m)} \\ K_{\text{I}m} = \dfrac{\Delta I_{\text{IP}}^2(m)}{\Delta I_{\text{IN}}^2(m)} \end{cases} \tag{4-33}$$

式中，ΔI_{RP}、ΔI_{RN} 分别为整流侧正、负极线路电流突变量信号；I_{RP}、I_{RN} 分别为整流侧电流；I_{RP0}、I_{RN0} 分别为保护启动前一刻保护安装处测得的电流[187]；m 为所取数据窗内的采样点数。利用正负极故障电流信号突变量的能量比值构建故障极识别特征向量 $K = [K_{\text{R}m}, K_{\text{I}m}]_{1\times 2m}$，定义该向量为能量比值向量，其中 $K_{\text{R}m}$、$K_{\text{I}m}$ 表示整流侧和逆变侧正负极电流突变量能量比值。

4.4.2　基于 Teager 能量算子和 1D-CNN 的故障诊断算法

基于 Teager 能量算子和 1D-CNN 的故障诊断流程如图 4.39 所示。

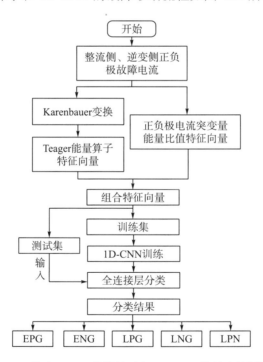

图 4.39　基于 Teager 能量算子和 1D-CNN 的故障诊断流程

基于 Teager 能量算子和 1D-CNN 的故障诊断步骤如下：

(1)提取故障电流信号。

(2)对测量点处测得的电流信号进行 Karenbauer 变换，求解电流突变量。

(3)取故障前后 3ms 时间窗内线模采样数据，利用 Teager 能量算子构造区内外故障识

别特征向量 $\psi = [\psi_{Rn}, \psi_{In}]_{1 \times 2n}$，利用电流突变量能量比值构建故障极识别特征向量 $K = [K_{Rm}, K_{Im}]_{1 \times 2m}$。将两种特征向量组合得到 $\theta = (\psi, K) = [\psi_{Rn}, \psi_{In}, K_{Rm}, K_{Im}]$，以此表征 HVDC 输电线路故障特征。

（4）将一部分特征向量作为训练集，得到 1D-CNN 网络参数，将特征向量的另一部分作为测试集输入网络全连接层得出分类结果。其中，EPG、ENG 分别表示区外正、负极故障（EPG=RPG+IPG，ENG=RNG+ING），LPG、LNG、LPN 分别表示输电线路正极故障、负极故障和两极故障。

4.4.3 仿真分析

1. 建立训练和测试样本集

1D-CNN 的网络训练需要大量的训练样本，因此本章利用如图 4.1 所示故障仿真模型进行仿真，得到 HVDC 输电线路不同故障参数的采样数据。选取故障发生前后 3ms 内的采样数据计算 Teager 能量算子和突变量能量比值，利用 Teager 能量算子作为区内外故障特征向量，利用突变量能量比值作为故障极特征向量。将组合特征向量作为训练样本与测试样本的输入，故障类型作为输出。本章考虑的训练样本集的参数如表 4.21 所示，总计训练样本数为 530 个。本章考虑的测试样本集的参数如表 4.22 所示，总计测试样本数为 500 个。

表 4.21 训练样本集的参数设置一览表

故障位置	故障类型	参数名称	参数值	样本总数	合计
区内故障 F_3、F_4、F_5	LPG、LNG、LPN	故障距离	1km，999km，步长为 100km	$3 \times 11 \times 10$ =330	530
		过渡电阻	100～1000Ω，步长为 100Ω		
区外故障 F_1、F_2、F_6、F_7	EPG、ENG	过渡电阻	10～990Ω，步长为 20Ω	$4 \times 50 = 200$	

表 4.22 测试样本集的参数设置一览表

故障位置	故障类型	参数名称	参数值	样本总数	合计
区内故障 F_3、F_4、F_5	LPG、LNG、LPN	故障距离	5～995km，步长为 100	$3 \times 10 \times 10$ =300	500
		过渡电阻	50～950Ω，步长为 100Ω		
区外故障 F_1、F_2、F_6、F_7	EPG, ENG	过渡电阻	20～1000Ω，步长为 20Ω	$4 \times 50 = 200$	

2. 设置 1D-CNN 网络结构

设置如表 4.23 所示不同的 CNN 网络结构，其中，C 和 S 分别表示卷积层和池化层，正确率为准确识别样本数占测试样本总数的比例，测试时间为完成所有测试样本的测试过程所需的总时间。

表 4.23　不同 1D-CNN 网络结构的测试结果

序号	网络结构	学习率	卷积核	批处理数	迭代次数	总正确率/%	选极正确率/%	区内外正确率/%	测试时间/s
1	15C-2S-10C-2S	0.1	5-5	5	5	98.8	99.8	99	0.104
2	15C-2S-10C-2S	0.01	5-5	5	5	82	82	85.8	0.112
3	15C-2S-10C-2S	0.001	5-5	5	5	22.8	32	22.8	0.106
4	15C-2S-10C-2S	0.5	5-5	5	5	99	99	100	0.103
5	15C-2S-10C-2S	0.3	5-5	5	5	99.4	99.4	100	0.094
6	20C-1S-10C-1S	0.1	10-10	5	5	99.6	99.6	100	0.199
7	20C-1S-10C-1S	0.1	8-5	5	5	99.6	99.6	100	0.194
8	20C-1S-10C-1S	0.1	5-5	5	5	99.6	99.6	100	0.191
9	20C-1S-10C-1S	0.1	10-8	5	5	99.2	99.2	100	0.190
10	20C-1S-10C-1S	0.1	8-8	5	5	98.8	99.8	100	0.197
11	20C-3S-10C-2S	0.1	10-10	5	10	98.8	98.8	100	0.116
12	20C-3S-10C-2S	0.1	10-10	10	10	98.2	98.2	100	0.12
13	20C-3S-10C-2S	0.1	10-10	20	10	93	93	96.8	0.109
14	20C-3S-10C-2S	0.1	10-10	25	10	97.8	97.8	100	0.109
15	20C-3S-10C-2S	0.1	10-10	50	10	80.4	80.8	95.6	0.118
16	10C-2S-5C-2S	0.1	5-5	10	10	99	99	100	0.051
17	20C-2S-10C-1S	0.1	5-5	10	10	99.2	99.2	100	0.129
18	15C-2S-10C-2S	0.1	5-5	10	10	100	100	100	0.094
19	15C-1S-10C-1S	0.1	5-5	10	10	98.4	98.4	100	0.163
20	20C-1S-10C-2S	0.1	5-5	10	10	99.8	99.8	100	0.24

由表 4.23 可知,不同参数的设置对建立 1D-CNN 故障诊断模型具有较大的影响。只有合理地平衡不同参数间的关系,才能正确选出合适的参数,以使得建立的 1D-CNN 故障诊断模型具有优越的性能。多次实验发现,对比序号 1 和 20,虽然两种结构参数的识别率相当,但是序号 20 的网络的测试时间约为序号 1 网络的 2 倍;对比序号 1、18,增加该网络的迭代次数使得该网络能够对所有测试数据进行准确识别,且所需的测试时间没有增加。综上所述,为了得到更好的 1D-CNN,本章最终选择序号 18 的网络结构 15C-2S-10C-2S,设置学习率为 0.1,两层卷积层的卷积核大小均为 5,批处理大小为 10,迭代次数为 70。

3. 测试结果分析

在 15C-2S-10C-2S 网络结构下,均方误差(mean square error,MSE)曲线如图 4.40 所示。当迭代次数为 70 时,权值调整了 3500 次,均方误差曲线趋于平稳,网络已经很好地收敛。此时训练次数与正确率的关系如图 4.41 所示,当迭代次数达到 10 时,对表 4.23 所示所有测试样本,网络识别正确率已经趋于稳定值,测试正确率达到 100%,能准确识别 HVDC 输电线路区内外故障,并进行故障选极。

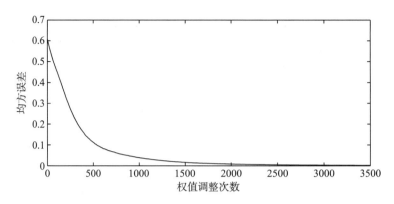

图 4.40　均方误差曲线

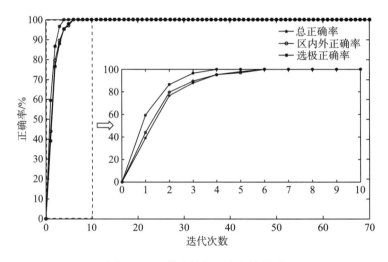

图 4.41　训练次数与正确率的关系

由此可得，基于 Teager 能量算子和 1D-CNN 的 HVDC 输电线路故障诊断方法不受故障类型和故障距离的影响，能有效实现 HVDC 输电线路故障诊断，且具有很强的耐受过渡电阻的能力。

4.4.4　故障诊断算法性能分析

1. 考虑噪声干扰时的算法性能测试

为了验证在噪声影响情况下该故障诊断算法的性能，本节测试算法对不同故障情况下共 1000 组数据的仿真测试效果，测试结果如表 4.24 所示。图 4.42 为如图 4.1 所示系统区内正极 F_3 故障（300Ω，500km）和区外负极 F_7 故障（600Ω）且存在 70dB 噪声干扰时的相关波形。

由表 4.24 和图 4.42 可以看出，该故障智能诊断模型在远端高阻故障且受噪声干扰时仍具有一定的故障判别能力。但本节所提算法在一定程度上依赖于波头的特征信息提取，因此抗噪能力一般。

表 4.24　噪声干扰情况下算法性能分析

故障类型	SNR/dB	样本总数	测试准确率/ %
EPG	50	100	92
	60	100	100
ENG	50	100	85
	60	100	98
LPG	50	100	100
	60	100	100
LNG	50	100	100
	60	100	100
LPN	50	100	100
	60	100	100

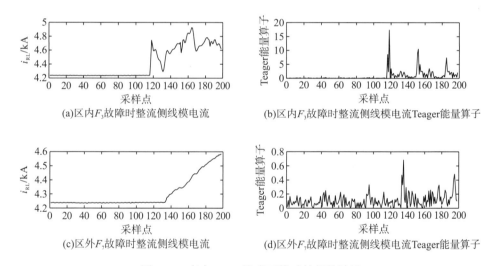

图 4.42　存在 70dB 噪声干扰时的相关波形

2. 速动性讨论

测试平台参数如表 4.11 所示，该算法实现所需要的时间 T 主要包括特征提取时间 t_1、通道延时 t_2 和 1D-CNN 网络测试时间 t_3。该智能算法采用数据窗长度为 3ms，特征向量提取只需要简单的累加运算和乘运算，以现有 DSP 的计算能力，其运算时间 t_1 不会超过 0.5ms[174]。通道传输方面，目前的通道延时 t_2 在 20ms 以下[8]。由于该智能模型训练好之后，在后续的计算中无须再次训练，本节实验测试 500 组数据的测试时间约为 0.096s（具体见图 4.43 中的 cnntest），因此测试 1 次故障数据需要的时间 t_3 约为 0.18ms。综上，本节所提算法的保护时间 $T = t_1 + t_2 + t_3 +$ 数据窗时间，在 23ms 左右。

基于22-Feb-2020 22:20:47时间于 *performance* 生成。

函数名称	调用次数	总时间	自用时间*	总时间图 (深色条带 = 自用时间)
cnntrain	1	30.463 s	0.055 s	
cnnbp	500	23.408 s	6.761 s	
flipdim	315000	8.584 s	8.584 s	
convn	252690	7.484 s	7.484 s	
flipall	82500	6.758 s	1.378 s	
cnnff	501	5.682 s	2.816 s	
cnnbp>rot180	75000	4.148 s	0.944 s	
cnnapplygrads	500	1.395 s	1.395 s	
expand	12500	0.682 s	0.682 s	
sigm	13026	0.421 s	0.421 s	
cnntest	1	0.096 s	0.005 s	
mean	500	0.019 s	0.019 s	
num2str	20	0.014 s	0.008 s	

图 4.43　样本测试时间

3. 故障诊断模式识别方法对比分析

为了验证本章模型的诊断效果，分别选取 PNN、BP 网络、ELM 对本章讨论的 HVDC 输电线路故障进行诊断并和 1D-CNN 网络诊断结果进行比较，得到的测试结果如表 4.25 所示。由表可知，使用 Teager 能量算子作为特征向量和使用原始数据作为特征向量相比，本章所研究的方法具有更好的识别效果。同时 ELM 虽然测试时间更短，但是测试正确率仅为 81.8%，PNN 和 BP 网络虽然也具有较高的测试正确率，但是仍不能完全可靠识别所有故障类型，同时 PNN 和 BP 网络所需测试时间也更长。而基于 Teager 能量算子和 1D-CNN 的 HVDC 输电线路故障智能诊断模型的识别率在 5 种模型中更高。这表明本章所研究的模型具有更好的识别率，可以有效解决 HVDC 输电线路的故障诊断问题。

表 4.25　不同智能模型识别效果对比

神经网络	测试正确率/%	测试时间/s
原始数据+1D-CNN	89	0.076
特征向量 θ +1D-CNN	100	0.095
特征向量 θ +PNN	74.8	0.426
特征向量 θ +ELM	81.8	0.024
特征向量 θ +BP	99.2	0.383

4. 与其他 HVDC 输电线路故障诊断方法对比

文献[88]～[90]提出的智能诊断算法性能分析如表 4.26 所示,文献[88]方法能识别区内、整流侧区外及逆变侧区外故障,故障极作为重要的故障特征,并未被识别。除了需要直流电压和电流,基于 SVM 的方案[89]还需要交流均方根(root mean square,RMS)电压。值得注意的是,与本节研究的方案不同,文献[89]的方案在区分内部故障和外部故障方面尚未得到验证,并且似乎这种能力并未针对方案设计。此外,过渡电阻作为 HVDC 故障诊断的重要特征之一,文献[89]也并没有评估不同的故障电阻值对所提算法的影响,且它们的抗噪声干扰的能力也有待验证。文献[90]使用 KMDD 方法来检测和分类双极 HVDC传输线路中的内部故障,在实时检测和噪声干扰等方面的效果均较突出,但是该方法的抗过渡电阻能力还有待提高,且只针对区内故障极的识别进行了讨论,其区内和区外故障识别能力尚未得到验证。

表 4.26　不同学者提出的智能诊断算法性能分析

诊断算法	诊断思路	优点	不足
文献[88]	①待分析信号:电压信号。 ②故障特征:奇异谱熵特征有区内<整流侧区外<逆变侧区外,利用奇异谱熵值构建特征向量。 ③利用 SVM 网络分类	①可同时区分整流侧区外故障、区内故障、逆变侧区外故障。 ②利用小样本数据识别线路故障。 ③传输数据量较小,通信压力小	①未讨论对故障极的识别。 ②噪声等干扰信息对熵值的影响较大,该方法未讨论其容错性及其鲁棒性。 ③过渡电阻作为重要故障特征,也未被讨论
文献[89]	①待分析信号:整流侧电压、电流信号。 ②故障特征:利用故障发生前后短时窗内电压、电流信号的标准差构建特征向量。 ③利用 SVM 进行 HVDC 输电线路故障检测、分类	①可同时区分区内正极故障、负极故障、两极短路故障。 ②利用单端(整流侧)信号识别故障线路,没有通信要求。 ③特征向量构建简单,不需要进行复杂的信号变换	①其抗过渡电阻和抗干扰能力还有待验证。 ②只检测线路内部是否发生故障
文献[90]	①待分析信号:逆变侧电压、电流信号。 ②故障特征:利用 10ms 数据窗内的正负极电压、电流平均值作为特征向量。 ③利用 KMDD 网络分类	①可同时区分正极故障、负极故障、两极短路故障以及两极短路接地故障。 ②利用单端(逆变侧)信号识别故障线路,没有通信要求。 ③抗过渡电阻能力为 200Ω。 ④实时性检测方面的性能很好	只针对识别输电线路内部故障极,没有考虑对区内外故障的识别

本章研究的三种算法均能同时实现对区内外故障和故障极的识别,在抗过渡电阻、抗干扰能力等方面也具有一定的优越性。与已发表的文献[88]～[90]关于 HVDC 输电线路故障的智能诊断方案相比,本章研究的三种方法显示出更好的性能。

同时,表 4.27 也讨论了本章研究的三种 HVDC 输电线路故障智能诊断算法的性能对比。本章所研究的三种算法均具有区内外故障识别能力和故障选极能力,与传统故障诊断算法不同,本章所研究的算法使用同一种网络即可实现故障诊断,不需要使用不同判据实现。与传统 HVDC 输电线路故障诊断方案相比,本章所提三种算法在耐受过渡电阻方面均具有较强的性能。其中,基于随机森林的故障诊断方法和基于 VMD 多尺度模糊熵的故障诊断方法耐受过渡电阻的能力为 600Ω,基于 Teager 能量算子和 1D-CNN 的故障诊断方法耐受过渡电阻的能力更强，为 1000Ω。相比于传统保护算法，三种算法的抗过渡电阻能力得到了提高。

表 4.27　本章所提三种智能诊断算法性能对比分析

性能	保护方法			
	基于随机森林的 HVDC 输电线路故障诊断	基于 VMD 多尺度模糊熵的 HVDC 输电线路故障诊断	基于 Teager 能量算子和 1D-CNN 的 HVDC 输电线路故障诊断	传统 HVDC 输电线路故障的判据算法
区内外故障识别能力	✓	✓	✓	✓
选极能力	✓	✓	✓	✓
抗过渡电阻能力/Ω	600	600	1000	70
抗噪能力/dB	30	50	70	90
速动性/ms	23	63	23	1100

注：" ✓ "表示该方法具有这项能力。

本章所提三种算法都具有一定的抗干扰能力，其中基于随机森林的 HVDC 输电线路故障诊断算法使用多尺度信息作为特征向量，其抗干扰能力更强，可以耐受 30dB 的噪声。虽然计算信号的模糊熵易受信号波动的影响，但是依据 VMD 变换的噪声消除能力，基于 VMD 多尺度模糊熵的 HVDC 输电线路故障诊断方法仍然具有一定的抗噪能力。而基于 Teager 能量算子和 ID-CNN 的 HVDC 输电线路的故障诊断方法的特征向量在很大程度上依赖于波头的特征信息提取，因此抗噪能力较差。

同时，本章所提三种算法均能满足 HVDC 输电线路故障诊断的速动性要求，从表 4.27 可以看出，基于 Teager 能量算子的故障诊断方法和基于随机森林的故障诊断方法速动性相当，由于 VMD 变换运算量较大，基于 VMD 多尺度模糊的故障诊断方法所需时间较长。需要说明的是，本章所提三种方法采样频率依次为 40kHz、40kHz 和 10kHz，与目前工程广泛使用的采样频率（10kHz 和 6.7kHz）相比，本章所提三种方法要求更为准确的信号传变和快速的数字信号处理，这对硬件设备提出了更高的需求。光电互感器近年来得到了飞速的发展，其技术日趋成熟，这使得准确的故障信号传变成为可能[188-191]。另外，性能优异的模数转换器和数字信号处理器也不断被开发出来，这使得快速的信号处理也得以实现[192,193]。目前，故障测距系统的最小采样步长可以达到 1μs，这间接证明了高频率采样应用于 HVDC 输电线路保护的可行性[194]。因此，相信计算机硬件条件在不久的将来能够满足三种方法的速动性要求。

综上所述，本章所提三种方法与其他三位学者提出的智能诊断算法相比，也具有一定的优越性。与传统的保护方法相比，在抗过渡电阻能力方面，三种算法的抗过渡电阻能力均有提高，其中，基于 Teager 能量算子和 ID-CNN 的 HVDC 输电线路故障诊断方法抗过渡电阻能力更强，可高达 1000Ω；在抗噪能力方面，三种算法的抗噪能力也有一定的增强，其中基于随机森林的 HVDC 输电线路故障诊断方法抗噪能力更强；速动性方面，相信计算机硬件条件在不久的将来能够满足三种方法的速动性要求。综合考虑三种算法的抗过渡电阻能力、抗噪能力以及速动性，基于随机森林的 HVDC 输电线路故障诊断算法的综合性能更优。相比于传统 HVDC 输电线路故障诊断算法，基于随机森林的 HVDC（输电线路）故障诊断算法性能得到了提高。

参 考 文 献

[1] 刘静. T 型线路电流差动保护方案研究[D]. 上海：上海交通大学，2008.

[2] 李立涅. 特高压直流输电的技术特点和工程应用[J]. 电力系统自动化，2005，29(24)：5-6.

[3] 赵畹君. 高压直流输电工程技术[M]. 2 版. 北京：中国电力出版社，2011.

[4] 索南，葛耀中，陶惠良. 六序故障分量及其在同杆双回线中的故障特征[J]. 电力系统自动化，1989，(4)：44-51.

[5] Mirzaei M，Vahidi B，Hosseinian S H. Accurate fault location and faulted section determination based on deep learning for a parallel-compensated three-terminal transmission line[J]. IET Generation，Transmission & Distribution，2019，13(13)：2770-2778.

[6] Gaur V K，Bhalja B. New fault detection and localisation technique for double-circuit three-terminal transmission line[J]. IET Generation，Transmission & Distribution，2018，12(8)：1687-1696.

[7] 裴鹏，章姝俊，黄晓明，等. MMC-HVDC 系统中阀侧交流母线故障保护策略研究[J]. 电力系统保护与控制，2014，42(19)：150-154.

[8] 宋国兵，高淑萍，蔡新雷，等. 高压直流输电线路继电保护技术综述[J]. 电力系统自动化，2012，36(22)：123-129.

[9] 李爱民，蔡泽祥，任达勇，等. 高压直流输电控制与保护对线路故障的动态响应特性分析[J]. 电力系统自动化，2009，33(11)：72-75.

[10] 刘剑. 高压直流输电线路保护及故障隔离技术研究[D]. 上海：上海交通大学，2017.

[11] 刘可真，束洪春，于继来，等. ±800kV 特高压直流输电线路雷击暂态识别[J]. 电网技术，2013，37(11)：3007-3014.

[12] 王钢，李志铿，李海锋. ±800kV 特高压直流线路暂态保护[J]. 电力系统自动化，2007，(21)：40-43.

[13] 司泰龙，牛林，王睿昕，等. 同杆双回线的反序负序纵联距离保护新方法[J]. 电力系统及其自动化学报，2015，27(9)：53-57.

[14] 张子衿，丛伟，肖静，等. 含同杆双回线的输电网零序反时限过流保护加速配合方案[J]. 电力自动化设备，2017，37(9)：159-165.

[15] 王泽洋. 基于六序故障分量的同杆双回线路横差方向保护[J]. 通信电源技术，2019，36(12)：12-14.

[16] 李世龙，陈卫，邹耀，等. 同杆并架线路阻抗比横联差动保护研究[J]. 电工技术学报，2016，31(21)：21-29.

[17] 叶睿恺，吴浩，董星星. 基于初始行波相位差的同杆双回输电线路故障识别[J]. 电力系统保护与控制，2019，47(3)：118-128.

[18] 索南加乐，邓旭阳，李瑞生，等. 基于故障分量综合阻抗的 T 接线路纵联保护新原理[J]. 电力自动化设备，2009，29(12)：4-9.

[19] 高厚磊，江世芳. T 接输电线路电流纵差保护新判据研究[J]. 继电器，2001，(9)：6-9，16.

[20] 李斌，罗涛，薄志谦. 基于故障分量的 T 接输电线路电流纵差保护新判据[J]. 电力系统保护与控制，2011，39(15)：1-6，12.

[21] 王婷，刘渊，李凤婷，等. 光伏 T 接高压配电网电流差动保护研究[J]. 电力系统保护与控制，2015，43(13)：60-65.

[22] Nayak P K，Pradhan A K，Bajpai P. A three-terminal line ProtectionScheme immune to power swing[J]. IEEE Transactions on Power Delivery，2016，31(3)：999-1006.

[23] Gaur V K，Bhalja B. A new faulty section identification and fault localization technique for three-terminal transmission line[J]. International Journal of Electrical Power & Energy Systems，2017，93：216-227.

[24] 郑涛,赵裕童,李菁,等. 利用电压幅值差和测量阻抗特征的风电 T 接线路保护方案[J]. 电网技术,2017,41(5):1660-1667.

[25] 刘幸蔚, 李永丽, 陈晓龙, 等. 逆变型分布式电源 T 接线路后纵联差动保护的改进方案[J]. 电网技术, 2016, 40(4): 1257-1264.

[26] 王增平, 林富洪. 基于分布参数模型的 T 型输电线路电流差动保护新原理[J]. 电网技术, 2009, 33(19): 204-209.

[27] Kumar A，Babu P S，Phanendra Babu N V，et al. Taylor-Kalman-Fourier filter based back-up protection for teed-transmission line[C]. The 8th International Conference on Computing，Communication and Networking Technologies，2017：1-5.

[28] 郑黎明, 贾科, 毕天姝, 等. 基于余弦相似度的新能源场站 T 接型送出线路纵联保护[J]. 电力系统自动化, 2019, 43(18): 111-119.

[29] Bhalja B，Maheshwari R P. New differential protection scheme for tapped transmission line[J]. IET Generation，Transmission & Distribution，2008，2(2)：271.

[30] Eissa M M. A new digital relaying scheme for EHV three terminal transmission lines[J]. Electric Power Systems Research，2005，73(2)：107-112.

[31] 杨铖, 索南加乐, 贾伟, 等. 采用双端量的高压输电线路选相元件[J]. 高电压技术, 2011, 37(5): 1261-1267.

[32] 李伟, 毕天姝, 杨奇逊. 基于相关分析的同杆双回线突变量选相新方法[J]. 电力系统自动化, 2011, 35(8): 58-62.

[33] 鲁文军, 林湘宁, 黄小波, 等. 一种自动适应电力系统运行方式变化的新型突变量选相元件[J]. 中国电机工程学报, 2007, (28): 53-58.

[34] 许庆强, 索南加乐, 陈久林. 基于相间电阻变化特征的故障选相元件[J]. 电力自动化设备, 2008, (3): 10-13.

[35] 吴烈, 古斌, 谭建成. 一种基于功率增量的高压线路保护选相元件[J]. 电工技术学报, 2008, (6): 125-129.

[36] Huang S F，Luo L，Cao K. A novel method of ground fault phase selection in weak-infeed side[J]. IEEE Transactions on Power Delivery，2014，29(5)：2215-2222.

[37] 林湘宁, 刘沛, 杨春明, 等. 基于相关分析的故障序分量选相元件[J]. 中国电机工程学报, 2002, (5): 17-22.

[38] 卜春霞, 张义含, 姜自强, 等. 超高压线路暂态保护选相研究[J]. 电力系统保护与控制, 2010, 38(16): 30-34.

[39] 祝志慧, 聂建元. 改进的人工免疫分类算法在故障类型识别中的应用[J]. 电力系统保护与控制, 2011, 39(10): 80-85.

[40] 陈亚, 李梦诗. 基于瞬时能量比的输电线路故障选相方案[J]. 电力系统保护与控制, 2016, 44(1): 56-64.

[41] 李勋, 龚庆武, 贾晶晶. 采用形态小波变换原理的超高速故障选相算法研究[J]. 电力系统保护与控制, 2011, 39(15): 57-63.

[42] 王爱军, 李宏, 张小桃. 一种基于小波变换的超高压线路故障选相方法[J]. 电力系统保护与控制, 2013, 41(12): 92-97.

[43] 崔超奇, 王占山, 杨东升, 等. 基于小波变换的输电线故障定位与选相方法[J]. 控制工程, 2017, 24(S1): 85-91.

[44] Jiang J A，Fan P，Chen C S，et al. A fault detection and faulted-phase selection approach for transmission lines with Haar wavelet transform[J]. IEEE PES Transmission and Distribution Conference and Exposition，2003，1(1)：285-289.

[45] Gafoor S A，Yadav S K，Prashanth P，et al. Transmission line protection scheme using Wavelet based alienation coefficients[C]. IEEE International Conference on Power and Energy，2014：32-36.

[46] 刘栋, 邹贵彬, 王昕, 等. 基于 S 变换的输电线路故障快速选相方法[J]. 电网技术, 2015, 39(12): 3603-3608.

[47] 吴浩, 郭辉, 蔡亮. 基于故障分量能量系数和 PNN 的故障选相研究[J]. 高压电器, 2013, 49(8): 35-43.

[48] 束洪春, 刘可真, 朱盛强, 等. ±800kV 特高压直流输电线路单端电气量暂态保护[J]. 中国电机工程学报, 2010, 30(31): 108-117.

[49] 束洪春，田鑫萃，张广斌，等. ±800kV 直流输电线路的极波暂态量保护[J]. 中国电机工程学报，2011，31（22）：96-104.

[50] 束洪春，田鑫萃，董俊，等. 基于多重分形谱的高压直流输电线路区内外故障识别方法[J]. 电工技术学报，2013，28（1）：251-258.

[51] 陈仕龙，曹蕊蕊，毕贵红，等. 基于形态学的特高压直流输电线路单端电流方向暂态保护[J]. 电力自动化设备，2016，36（1）：67-72.

[52] 陈仕龙，张杰，刘红锐，等. 特高压直流输电线路单端电流方向暂态保护[J]. 电工技术学报，2016，31（2）：171-177.

[53] Song G B，Chu X，Gao S P，et al. A new whole-line quick-action protection principle for HVDC transmission lines using one-end current[J]. IEEE Transactions on Power Delivery，2015，30（2）：599-607.

[54] Gao S P，Chu X，Shen Q Y，et al. A novel whole-line quick-action protection principle for HVDC transmission lines using one-end voltage[J]. International Journal of Electrical Power & Energy Systems，2015，65：262-270.

[55] 吴姗姗. 基于改进递归小波的超高压输电线路暂态电流保护算法[D]. 西安：西安理工大学，2008.

[56] 黄敏，谢志成，陈明，等. 基于地模-线模极波比的 HVDC 单端行波保护方案[J]. 华中科技大学学报（自然科学版），2014，42（8）：85-89.

[57] 李爱民，徐敏，蔡泽祥，等. 小步长采样的新型直流输电线路行波保护[J]. 电网技术，2015，39（1）：90-96.

[58] 刘剑，邰能灵，范春菊，等. 基于特定频率电流波形特征的高压直流线路故障判别方法[J]. 电工技术学报，2017，32（1）：20-31.

[59] 侯俊杰，宋国兵，常仲学，等. 基于暂态功率的高压直流线路单端量保护[J]. 电力系统自动化，2019，43（21）：203-212.

[60] 魏德华，苗世洪，刘子文，等. 基于边界特征的高压直流输电长线路故障判别方法[J]. 电力系统保护与控制，2018，46（17）：75-82.

[61] 杨亚宇，邰能灵，刘剑，等. 利用边界能量的高压直流线路纵联保护方案[J]. 中国电机工程学报，2015，35（22）：5757-5767.

[62] Yang Y Y，Tai N L，Fan C J，et al. A particular AC component protection scheme for bipolar HVDC transmission lines[J]. IEEJ Transactions on Electrical and Electronic Engineering，2018，13（5）：732-741.

[63] 李小鹏，汤涌，滕予非，等. 基于反行波幅值比较的高压直流输电线路纵联保护方法[J]. 电网技术，2016，40（10）：3095-3101.

[64] 李小鹏，滕予非，刘耀，等. 基于测量波阻抗的高压直流输电线路纵联保护[J]. 电网技术，2017，41（2）：617-623.

[65] 李小鹏，田瑞平，罗先觉，等. 基于电流突变量比值的高压直流输电线路纵联保护方案[J]. 电力自动化设备，2019，39（9）：33-38.

[66] 张艳霞，李多多，张帅，等. 基于广义 S 变换的高压直流输电线路边界保护[J]. 高电压技术，2018，44（10）：3197-3206.

[67] 孔飞，张保会，王艳婷. 基于行波波形相关性分析的直流输电线路纵联保护方案[J]. 电力系统自动化，2014，38（20）：108-114.

[68] 刘剑，邰能灵，范春菊. 基于电流波形匹配的高压直流输电线路纵联保护[J]. 电网技术，2015，39（6）：1736-1743.

[69] Liu J，Tai N L，Fan C J，et al. Transient measured impedance-based protection scheme for DC line faults in ultra high-voltage direct-current system[J]. IET Generation，Transmission & Distribution，2016，10（14）：3597-3609.

[70] 赵航，林湘宁，喻锟，等. 基于模量 Hausdorff 距离波形比较的直流输电线路选择性快速保护方案[J]. 中国电机工程学报，2017，37（23）：6888-6900.

[71] 梁英，杨嘉，李勤新，等. 基于时频谱相似度的高压直流线路行波保护方法[J]. 电力科学与技术学报，2019，34（2）：182-186.

[72] 周家培，赵成勇，李承昱，等. 采用电流突变量夹角余弦的直流电网线路纵联保护方法[J]. 电力系统自动化，2018，42（14）：165-171.

[73] 张艳霞，马桦岩，李婷，等. 基于 Kaiser 窗滤波的高压直流输电线路突变量功率保护[J]. 高电压技术，2016，42（1）：19-25.

[74] Luo S X，Dong X Z，Shi S X，et al. A directional protection scheme for HVDC transmission lines based on reactive energy[J]. IEEE Transactions on Power Delivery，2016，31（2）：559-567.

[75] 邢鲁华，陈青，高湛军. 基于电压和电流突变量方向的高压直流输电线路保护原理[J]. 电力系统自动化，2013，37（6）：107-113.

[76] 李钊，邹贵彬，许春华，等. 基于 S 变换的 HVDC 输电线路纵联保护方法[J]. 中国电机工程学报，2016，36（5）：1228-1235.

[77] Li Y L，Zhang Y K，Song J Z，et al. A novel pilot protection scheme for LCC-HVDC transmission lines based on smoothing-reactor voltage[J]. Electric Power Systems Research，2019，168：261-268.

[78] 杨亚宇，邰能灵，范春菊，等. 利用峰值频率的高压直流输电线路纵联保护方案[J]. 中国电机工程学报，2017，37（15）：4304-4314.

[79] 李小鹏，汤涌，朱清代，等. 利用测量波阻抗相位特征的高压直流输电线路纵联保护[J]. 电网技术，2018，42（4）：1251-1259.

[80] 高淑萍，索南加乐，宋国兵，等. 高压直流输电线路电流差动保护新原理[J]. 电力系统自动化，2010，34（17）：45-49.

[81] 刘琪，宋国兵. 基于电流偏差均值控制特性的高压直流输电线路纵联保护新原理[J]. 中国电机工程学报，2016，36（8）：2159-2167.

[82] 刘剑，范春菊，邰能灵. 考虑直流控制系统影响的 HVDC 输电线路后备保护研究[J]. 电力系统保护与控制，2015，43（1）：73-80.

[83] Zhang Y K，Li Y L，Song J Z，et al. A new protection scheme for HVDC transmission lines based on the specific frequency current of DC filter[J]. IEEE Transactions on Power Delivery，2018，34（2）：420-429.

[84] Gao S P，Qi L，Song G. Current differential protection principle of HVDC transmission system[J]. IET Generation，Transmission & Distribution，2016，11（5）：1286-1292.

[85] Zheng J C，Wen M H，Chen Y，et al. A novel differential protection scheme for HVDC transmission lines[J]. International Journal of Electrical Power & Energy Systems，2018，94：171-178.

[86] Chu X. Unbalanced current analysis and novel differential protection for HVDC transmission lines based on the distributed parameter model[J]. Electric Power Systems Research，2019，171：105-115.

[87] Chu X. Transient numerical calculation and differential protection algorithm for HVDC transmission lines based on a frequency-dependent parameter model[J]. International Journal of Electrical Power & Energy Systems，2019，108：107-116.

[88] 陈仕龙，曹蕊蕊，毕贵红，等. 利用多分辨奇异谱熵和支持向量机的特高压直流输电线路区内外故障识别方法[J]. 电网技术，2015，39（4）：989-994.

[89] Johnson J M，Yadav A. Complete protection scheme for fault detection，classification and location estimation in HVDC transmission lines using support vector machines[J]. IET Science，Measurement & Technology，2017，11（3）：279-287.

[90] Farshad M. Detection and classification of internal faults in bipolar HVDC transmission lines based on K-means data description method[J]. International Journal of Electrical Power and Energy Systems，2019，104：615-625.

[91] Zhou L Y，Shen J，Liu H J，et al. Faults analysis of lightning stroke-caused flashover in 220kV double-circuit transmission lines on the same tower[J]. Journal of Physics：Conference Series，2020，1633（1）：012109.

[92] Li H S，Zhang J Q，Fang B Y，et al. Simulation and analysis of induced current of HV parallel reactor disconnector for 500kV double circuit line on the same tower[J]. E3S Web of Conferences，2020，185：01043.

[93] Liu X Q，Yang Q，Li H，et al. The analysis of body surface electric field during live working on 500kV double-circuit lines on same tower[C]. IEEE International Conference on High Voltage Engineering and Application，2016：1-4.

[94] Ye R K，Wu H，Dong X X. Fault identification of double-circuit transmission lines on same tower based on measuring wave impedance[J]. Journal of ZheJiang University（Engineering Science），2019，53（12）：2412-2422.

[95] Wu H，Ye R K，Dong X X，et al. A new principle of fault identification of on the same tower based on traveling wave reactive powers[J]. Journal of Power and Energy Engineering，2019，7（7）：50-70.

[96] 孙翠英，路艳巧，常浩，等. 基于神经网络的输电线路故障识别方法[J]. 科学技术与工程，2019，19（20）：283-288.

[97] 谢国民，黄睿灵，丁会巧. 基于 VMD 样本熵和 KELM 的输电线路故障诊断[J]. 电子测量与仪器学报，2019，33（5）：73-79.

[98] 孙晓明，秦亮，刘涤尘. 基于 GMAPM 和 SOM-LVQ-ANN 的输电线路故障综合识别方法[J]. 武汉大学学报（工学版），2019，52（12）：1079-1090.

[99] 朱忆洋，都洪基，赵青春. 不对称参数同杆双回线选相方法研究[J]. 电力系统保护与控制，2017，45（15）：133-139.

[100] 田书，寿好俊，刘芳芳. 同杆双回线路综合故障选相方案[J]. 电力科学与工程，2016，32（5）：20-24，31

[101] 王艳，张艳霞，徐松晓. 基于广域信息的同杆双回线测距及选相[J]. 电力系统自动化，2010，34（6）：65-69，74.

[102] 张海，黄少锋. 利用电压辅助电流选相的同杆双回线单端电气量选相原理[J]. 中国电机工程学报，2013，33（7）：139-148，8.

[103] Li S L，Chen W，Yin X G，et al. Integrated transverse differential protection scheme for double circuit lines on the same tower[C]. IEEE Power & Energy Society General Meeting，2017：33（5）：2161-2169.

[104] Liu Z，Gao H L，Luo S B. A fault phase and line selection method of double circuit transmission line on the same tower based on transient component[C]. The 8th International Conference on Advanced Power System Automation and Protection，2019：1058-1062.

[105] Hu B，Xie K G，Tai H M. Reliability evaluation and weak component identification of ±500-kV HVDC transmission systems with double-circuit lines on the same tower[J]. IEEE Transactions on Power Delivery，2018，33（4）：1716-1726.

[106] 张国星，吕飞鹏. 基于堆叠自动编码器的输电线路故障选相方法[J]. 水电能源科学，2019，37（6）：173-177.

[107] 宁琦，耿读艳，王晨旭，等. 基于多尺度排列熵及 PSO-SVM 的输电线路故障判别[J]. 电子测量与仪器学报，2019，33（7）：173-180.

[108] 李小鹏，杨健维，何正友，等. 一种新型电流极性比较式方向元件[J]. 中国电机工程学报，2015，35（6）：1399-1405.

[109] 李小鹏，何正友，武骁. 基于 S 变换能量相对熵的高压输电线路极性比较式纵联保护[J]. 电网技术，2014，38（8）：2250-2256.

[110] 邹贵彬，宋圣兰，许春华，等. 方向行波波形积分式快速母线保护[J]. 中国电机工程学报，2014，34（31）：5677-5684.

[111] 王瑶，刘世栋，郭经红. 基于最小熵的故障诊断算法[J]. 北京邮电大学学报，2016，39（S1）：10-13.

[112] 覃星福，龚仁喜. 基于广义 S 变换与 PSO-PNN 的电能质量扰动识别[J]. 电力系统保护与控制，2016，44（15）：10-17.

[113] 黄南天，李富青，王文婷，等. 输电线路故障层次化变步长 Tsallis 小波奇异熵诊断方法[J]. 电力系统保护与控制，2017，45（18）：38-44.

[114] 吴浩. 基于故障电压行波能量比较的输电线路纵联保护[J]. 高压电器，2016，52（1）：42-49.

[115] 吴浩. 基于 S 变换样本熵的输电线路纵联保护新原理[J]. 电力系统保护与控制，2016，44（12）：15-22.

[116] 董星星，吴浩，叶睿恺. 基于反行波能量熵比较的母线保护新原理[J]. 电测与仪表，2018，55（12）：7-14.

[117] 李小鹏，何正友，武骁，等. 利用 S 变换能量相对熵的幅值比较式超高速方向元件[J]. 电力系统自动化，2014，38（14）：113-117.

[118] 白嘉，徐玉琴，王增平，等. 基于组合模量的行波电流极性比较式方向保护原理[J]. 电网技术，2005，（13）：69-72.

[119] 陶维青，夏熠，陆鼎堃. S 变换熵理论及其在电力系统故障检测中的应用研究[J]. 合肥工业大学学报（自然科学版），2016，

39（1）：40-45.

[120] 束洪春，林敏. 电流互感器暂态数学建模及其仿真的比较研究[J]. 电网技术，2003，（4）：11-14.

[121] Wu H，Dong X X，Ye R K. A new algorithm for busbar protection based on the comparison of initial traveling wave power[J]. IEEJ Transactions on Electrical and Electronic Engineering，2019，14（4）：520-533.

[122] 吴浩，李群湛，刘炜. 输电线路功率型行波纵联保护新方法[J]. 电力系统自动化，2016，40（2）：107-113.

[123] Chen L，Pan Y，Chen Y X，et al. Efficient parallel algorithms for euclidean distance transform[J]. The Computer Journal，2004，47（6）：694-700.

[124] Dong X X，Peng Q，Wu H，et al. New principle for busbar protection based on the Euclidean distance algorithm[J]. PLoS One，2019，14（7）：e0219320.

[125] 潘茜雯，罗日成，唐祥盛，等. 500kV 同塔双回紧凑型输电线路电磁环境分析[J]. 高压电器，2017，53（11）：183-190.

[126] 和敬涵，罗国敏，程梦晓，等. 新一代人工智能在电力系统故障分析及定位中的研究综述[J]. 中国电机工程学报，2020，40（17）：5506-5516.

[127] 张奋强. 同杆双回输电线路故障计算方法及故障定位的研究[D]. 重庆：重庆大学，2016.

[128] 刘芳芳. 同杆双回线路故障选相研究[D]. 焦作：河南理工大学，2015.

[129] 叶睿恺，吴浩，董星星. 同杆双回线路保护研究进展[J]. 电工材料，2018，（4）：36-39.

[130] 梁振锋，宋国兵，康小宁，等. 数字化变电站同杆并架平行双回线路保护的研究[J]. 西安理工大学学报，2012，28（4）：444-448.

[131] 陆政君，范春菊，赵铎，等. 不同电压等级同杆双回线断线故障分析方法[J]. 电网技术，2021，45（4）：1588-1595.

[132] 杨海龙. 不同配置方式下的同杆双回输电线路雷电冲击特性的研究[J]. 电瓷避雷器，2016，（5）：135-140.

[133] 黄潇潇，杨韬，郑骁麟，等. 基于 PMU 量测信息的短线路同杆并架双回线参数辨识[J]. 中国电力，2020，53（7）：141-148.

[134] 商立群，黄若轩，呼延海，等. 采用电磁时间反转的不同电压等级同杆双回输电线路故障测距[J]. 西安交通大学学报，2020，54（1）：19-25.

[135] 梁路明，李凤婷，解超，等. 基于缺相耦合电压特性的同杆双回线路非跨线故障综合重合闸策略[J]. 电力系统保护与控制，2019，47（13）：62-69.

[136] 叶睿恺，吴浩，董星星. 基于测量波阻抗的同杆双回输电线路故障识别[J]. 浙江大学学报（工学版），2019，53（12）：2412-2422.

[137] 董新洲，雷傲宇，汤兰西. 电力线路行波差动保护与电流差动保护的比较研究[J]. 电力系统保护与控制，2018，46（1）：1-8.

[138] 戴志辉，张程，刘宁宁，等. 基于反行波差值的特高压直流线路纵联保护方案[J]. 电力系统保护与控制，2019，47（21）：1-10.

[139] 沈添福. 基于 PSCAD/EMTDC 的 MMC-HVDC 故障特性及保护策略研究[D]. 广州：华南理工大学，2015.

[140] 梁亮. 基于 PSCAD/EMTDC 软件的光伏发电并网仿真研究[D]. 郑州：郑州大学，2017.

[141] 刘青. 基于 PSCAD/EMTDC 与 C 语言接口的 H 桥级联 STATCOM 数字化仿真技术研究[D]. 武汉：武汉工程大学，2017.

[142] 朱忆洋. 不对称参数同杆并架双回线故障选相和测距方法的研究[D]. 南京：南京理工大学，2017.

[143] 李小鹏，何正友，夏璐璐. 同杆双回输电线路的固有频率测距算法[J]. 电力系统自动化，2011，35（12）：47-51.

[144] 王守鹏，赵冬梅，袁敬中，等. 一种用于同塔双回线故障定位的新相模变换法[J]. 西安理工大学学报，2020，36（3）：432-438.

[145] 刘兴茂，林圣，何正友，等. 基于 S 变换的行波相位比较式方向继电器[J]. 电网技术，2014，38（3）：744-749.

[146] 赵学智,叶邦彦,陈统坚. 多分辨奇异值分解理论及其在信号处理和故障诊断中的应用[J]. 机械工程学报,2010,46(20)：64-75.

[147] 赵峰,段启凡,杨桐,等. 基于二分递推 SVD 的牵引网故障测距研究[J]. 控制工程，2017, 24(10)：2144-2150.

[148] 石泽. 基于小波变换的滚动轴承振动信号故障特征提取[J]. 南方农机，2020, 51(15)：134-135.

[149] 汤兰西,董新洲. 半波长交流输电线路行波差动电流特性的研究[J]. 中国电机工程学报，2017, 37(8)：2261-2270.

[150] 王永进,樊艳芳. 基于反行波与信号处理的特高压直流输电线路纵联保护方法[J]. 电力自动化设备，2020, 40(3)：114-121.

[151] 徐安桃,周慧,李锡栋,等. 利用基于周期的小波能量谱评价有机涂层防护性能[J]. 装备环境工程,2018,15(12)：109-114.

[152] 刘可真,束洪春,于继来,等. ±800kV 特高压直流输电线路故障定位小波能量谱神经网络识别法[J]. 电力自动化设备，2014, 34(4)：141-147.

[153] 黄建明,李晓明,瞿合祚,等. 考虑小波奇异信息与不平衡数据集的输电线路故障识别方法[J]. 中国电机工程学报,2017, 37(11)：3099-3107.

[154] 戴志辉,刘雪燕,刘自强,等. 基于电流故障分量的柔直配电线路纵联保护原理[J]. 高电压技术,2021,47(5)：1684-1695.

[155] 曾大懿,杨基宏,邹益胜,等. 基于并行多通道卷积长短时记忆网络的轴承寿命预测方法[J]. 中国机械工程,2020,31(20)：2454-2462.

[156] 史宇. 基于深度学习的中文分词方法研究[D]. 南京：南京邮电大学，2019.

[157] 赵晓平,吴家新,钱承山,等. 基于多任务深度学习的齿轮箱多故障诊断方法[J]. 振动与冲击,2019,38(23)：271-278.

[158] 王震,黄如意,李霁蒲,等. 一种用于故障分类与预测的多任务特征共享神经网络[J]. 仪器仪表学报,2019,40(7)：169-177.

[159] 周文,张世琨,丁勇,等. 面向低维工控网数据集的对抗样本攻击分析[J]. 计算机研究与发展,2020,57(4)：736-745.

[160] Khazaei J，Idowu P，Asrari A，et al. Review of HVDC control in weak AC grids[J]. Electric Power Systems Research，2018，162：194-206.

[161] Tailor K，Ukil A. fault detection and locating using electromagnetic time reversal（emtr）technique for HVDC transmission network[C]. The 11th IEEE PES Asia-Pacific Power and Energy Engineering Conference，2019：1-5.

[162] 安婷，Andersen B，MacLeod N，等. 中欧高压直流电网技术论坛综述[J]. 电网技术，2017，41(8)：2407-2416.

[163] Rüberg S，L'Abbate A，Fulli G，et al. High-Voltage Direct-Current Transmission[M]. London：Springer，2013.

[164] 郑晓冬，邰能灵，杨光亮，等. 特高压直流输电系统的建模与仿真[J]. 电力自动化设备，2012，32(7)：10-14.

[165] 邓丰,李欣然,曾祥君,等. 基于波形唯一和时-频特征匹配的单端行波保护和故障定位方法[J]. 中国电机工程学报，2018，38(5)：1475-1487.

[166] Ventosa S，Simon C，Schimmel M，et al. The S-transform from a wavelet point of view[J]. IEEE Transactions on Signal Processing，2008，56(7)：2771-2780.

[167] 张保会,张嵩,尤敏,等. 高压直流线路单端暂态量保护研究[J]. 电力系统保护与控制,2010,38(15)：18-23.

[168] 王干军,李锦舒,吴毅江,等. 基于随机森林的高压电缆局部放电特征寻优[J]. 电网技术,2019,43(4)：1329-1336.

[169] Breiman L. Random forests[J]. Machine Learning，2001，45(1)：5-32.

[170] Wu H，Dong X X，Wang Q M. A new principle for initial traveling wave active power differential busbar protection[J]. IEEE Access，2019，7：70495-70512.

[171] Zou G B，Gao H L. A traveling-wave-based amplitude integral busbar protection technique[J]. IEEE Transactions on Power Delivery，2012，27(2)：602-609.

[172] Liu X，Lin S，He Z，et al. A novel surge impedance directional relay based on s transform[J]. Proceedings of the Chinese Society of Electrical Engineering，2013，33(22)：113-119.

[173] 刘兴茂. 基于时频分析的超高压输电线路快速保护原理研究[D]. 成都：西南交通大学，2014.

[174] Darwish H A，Hesham M，Taalab A M I，et al. Close accord on DWT performance and real-time implementation for protection applications[J]. IEEE Transactions on Power Delivery，2010，25(4)：2174-2183.

[175] 魏东，龚庆武，来文青，等. 基于卷积神经网络的输电线路区内外故障判断及故障选相方法研究[J]. 中国电机工程学报，2016，36(S1)：21-28.

[176] He Z Y. Wavelet Entropy Definition and Its Application in Detection and Identification of Power Systems' Transient Signals[M]. Singapore：John Wiley & Sons，2016.

[177] 刘青，王增平，郑振华. 小波奇异熵在线路暂态保护和全线相继速动保护中的应用[J]. 电力系统自动化，2009，33(22)：79-83.

[178] Liu Z G，Han Z W，Zhang Y，et al. Multiwavelet packet entropy and its application in transmission line fault recognition and classification[J]. IEEE Transactions on Neural Networks and Learning Systems，2014，25(11)：2043-2052.

[179] Dragomiretskiy K，Zosso D. Variational mode decomposition[J]. IEEE Transactions on Signal Processing，2014，62(3)：531-544.

[180] 陈东宁，张运东，姚成玉，等. 基于变分模态分解和多尺度排列熵的故障诊断[J]. 计算机集成制造系统，2017，23(12)：2604-2612.

[181] 刘慧，谢洪波，和卫星，等. 基于模糊熵的脑电睡眠分期特征提取与分类[J]. 数据采集与处理，2010，25(4)：484-489.

[182] 陈伟婷. 基于熵的表面肌电信号特征提取研究[D]. 上海：上海交通大学，2008.

[183] 郑近德，陈敏均，程军圣，等. 多尺度模糊熵及其在滚动轴承故障诊断中的应用[J]. 振动工程学报，2014，27(1)：145-151.

[184] 高昆仑，杨帅，刘思言，等. 基于一维卷积神经网络的电力系统暂态稳定评估[J]. 电力系统自动化，2019，43(12)：1-18.

[185] Kaiser J F. Some useful properties of Teager's energy operators[C]. IEEE International Conference on Acoustics，Speech，and Signal Processing，1993，3：149-152

[186] 杨青乐，梅检民，肖静，等. Teager能量算子增强倒阶次谱提取轴承微弱故障特征[J]. 振动与冲击，2015，34(6)：1-5.

[187] 吕煜，朱思丞，汪楠楠，等. 基于电流突变量的直流电网区内双极短路故障定位方法[J]. 中国电机工程学报，2019，39(16)：4686-4694，4971.

[188] 温海燕，雷林绪，张朝阳，等. 基于普克尔效应的光学电压互感器的设计和实验[J]. 电网技术，2013，37(4)：1180-1184.

[189] 王佳颖，郭志忠，张国庆，等. 光学电流互感器长期运行稳定性的试验研究[J]. 电网技术，2012，36(6)：37-41.

[190] Chavez P P，Jaeger N A F，Rahmatian F. Accurate voltage measurement by the quadrature method[J]. IEEE Transactions on Power Delivery，2003，18(1)：14-19.

[191] Kucuksari S，Karady G G. Experimental comparison of conventional and optical VTs，and circuit model for optical VT[J]. IEEE Transactions on Power Delivery，2011，26(3)：1571-1578.

[192] Pathirana V，Dirks E，McLaren P G. Hardware and software implementation of a travelling wave based protection relay[C]. IEEE Power Engineering Society General Meeting，2005：1-5.

[193] Frantz G. Signal core: A short history of the digital signal processor[J]. IEEE Solid-State Circuits Magazine，2012，4(2)：16-20.

[194] Chen P，Xu B Y，Li J. A traveling wave based fault locating system for HVDC transmission lines[C]. International Conference on Power System Technology，2006：1-4.